师傅教你学焊接

孙国君　主编

U0387236

化学工业出版社

·北京·

图书在版编目（CIP）数据

师傅教你学焊接/孙国君主编．—北京：化学工业
出版社，2014.8（2022.4重印）
ISBN 978-7-122-20963-4

Ⅰ.①师…　Ⅱ.①孙…　Ⅲ.①焊接—基本知识
Ⅳ.①TG4

中国版本图书馆 CIP 数据核字（2014）第 129210 号

责任编辑：周　红
责任校对：蒋　宇　　　　　　　　　　装帧设计：王晓宇

出版发行：化学工业出版社（北京市东城区青年湖南街 13 号　邮政编码 100011）
印　　　装：天津盛通数码科技有限公司
850mm×1168mm　1/32　印张 9　字数 240 千字
2022 年 4 月北京第 1 版第 11 次印刷

购书咨询：010-64518888　　　　　　　售后服务：010-64518899
网　　　址：http://www.cip.com.cn
凡购买本书，如有缺损质量问题，本社销售中心负责调换。

定　　价：29.00 元　　　　　　　　　版权所有　违者必究

前言

在国务院提出构建和谐社会和建设社会主义新农村的方针指引下，全社会都在大力开展进城务工人员的培训工作，以提高他们的就业能力。劳动和社会保障部也明确了要实施"农村劳动力技能就业计划"，积极开展农村劳动力的转移培训，提高转移就业效果。

当前，机械制造业领域中，焊接技术发展迅猛。从小的电子元件、光缆接头，到庞大的造船、万里输油管道等，都要采用焊接技术来完成。因此，焊接技术工人队伍正在不断壮大。其他在岗工种的富余劳动力，如铆工、管工、钣金工、钢筋工、混凝土工等，都看好焊接领域的发展趋势，希望学习焊接技术，扩大自己的就业渠道。

铆工是石油化工设备、电厂锅炉、医药卫生、食品加工等行业中所使用的罐类、槽类、塔类一系列压力容器，制作、组装成形的工种。在生产过程中，铆工与焊工相互配合，所以比较了解焊缝的焊接条件，需要预制什么样的坡口、组装间隙、焊缝的焊透要求等。对定位焊的尺寸、位置和形状等，都很熟悉。所以，学习焊接的操作技能，相对容易一些。

管工是各种管道的装配工种，他们最懂得管线输送的配置和装配要求。在配合焊工完成管线施工中，必须考虑管子的单面焊接双面成形的焊接技术要求，对焊接坡口、定位焊点距离、焊缝所处的空间位置等，会安排得比较细致、得体，这对他们学习焊接有着极优越的基础条件。

冷作工是金属结构的装配工人，在装配过程中，对结构的特点、结构的形式，以及焊接过程中的焊接变形规律，掌握得非常准确。所以当学习焊接操作时，如何防止焊接变形、各种焊缝的焊接顺序排列等，都能做得恰到好处。这个工种的工人学习焊接操作，比较能够保证焊接结构的几何形状和尺寸要求。

建筑钢筋的焊接是相对比较简单的焊接操作，钢筋工只要认真了解焊接的基本操作要点，完全可以学好焊接操作技术。

本书是以焊条电弧焊的基本操作手法为主，兼顾气焊、气割、手工钨极氩弧焊、埋弧自动焊、二氧化碳气体保护焊等焊接方法的操作技能。并对上述焊接方法的焊工考试要求作了说明。这样选编的目的，是教会读者所需要的最基本的操作技能，让他们尽快掌握焊接所用的基本工具和设备，能进行简单的焊接操作。

本书可作为各单位组织的短期培训教材，也可供广大青工、农民工自学考试上岗使用。书中的内容是编者多年焊接实践工作，及焊接教学的经验总结，希望能为广大读者指出一条上岗的捷径。

本书由孙国君主编。参加编写的还有郭淑梅、刘文贤、孙景荣。

限于编者水平有限，书中难免存在不足之处，敬请广大读者批评指正。

编者

目录

第❷章　焊条电弧焊

第 ❸ 章 气焊与气割

第❹章　手工钨极氩弧焊

第5章 埋弧自动焊

第 6 章　CO_2 气体保护焊

第 7 章　焊接结构生产

第8章 焊工技能考试及管理

参考文献

第1章

焊接安全基本知识

 焊工操作的个人安全防护

焊工是一个用电、动火的特殊性工种，劳动的防护用品较多。为了保证施工现场的安全生产，焊工必须按照《国家劳动卫生安全生产条例》的规定，穿戴好防护用品。

焊工的主要防护用品有焊工面罩、头盔、护目镜片、防噪声耳塞、安全帽、工作服、耳罩、焊工手套、绝缘鞋、防尘口罩、安全带等。

1.1.1 焊工面罩及头盔

焊工面罩是焊工必备的用具之一，最常用的焊工面罩有手持式和头盔式两种。

焊工面罩是防止焊接飞溅、弧光及熔池和焊件高温对焊工面部灼伤的一种遮蔽用具，一般要采用红色或褐色防热钢纸压制而成。正面开有长方形孔，孔内嵌入白玻璃和黑玻璃，其形状如图1-1所示。

头盔式面罩戴在焊工头上，面罩主体可以上下翻转，便于焊工双手操作，适合各种焊接方法操作时的防护，特别适用于高空作业，焊工一只手握住固定物保持身体稳定，另一只手握焊钳进行焊接。

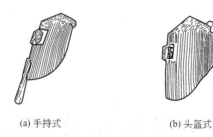

(a) 手持式   (b) 头盔式

图 1-1　焊工面罩外形示意

面罩的正确使用方法如下。

① 面罩应正面朝上放置，工作中不得乱丢或受重压。

② 面罩不得受潮或雨淋，以防变形。

③ 面罩上的黑玻璃是特制的化学玻璃，为了保护黑玻璃，应在前面加装一层白玻璃保护。

1.1.2　焊接护目镜片（黑玻璃）

焊接时，黑玻璃有减弱电弧光和过滤红外线、紫外线的作用。颜色以墨绿色和橙色为多。按颜色的深浅不同，分为 6 个型号，即从 7～12 号。号数越大，色泽就越深。黑玻璃要根据焊工的年龄和视力情况选用。

护目黑玻璃的遮光号的选择见表 1-1。

表 1-1　护目黑玻璃的遮光号的选择

焊接方法	焊条尺寸/mm	焊接电流/A	最低遮光号	推荐遮光号[①]
焊条电弧焊	＜2.5	＜60	7	—
	2.5～4	60～160	8	10
	4～6.4	160～250	10	12
	＞6.4	250～550	11	14

续表

焊接方法	焊条尺寸/mm	焊接电流/A	最低遮光号	推荐遮光号①
气体保护焊及药芯焊丝电弧焊	—	<60	7	—
		60～160	10	11
		160～250	10	12
		250～500	10	14
钨极惰性气体保护焊	—	<50	8	10
		50～100	8	12
		150～500	10	14
气焊（根据板厚，每1mm）	—	<3		4 或 5
		3～13	—	5 或 6
		>13		6 或 8
气割（根据板厚，每1mm）	—	<25		3 或 4
		25～150	—	4 或 5
		>150		5 或 6

① 根据经验，开始使用太暗的镜片难以看清焊接区，因此建议使用可以看清熔池的较适宜镜片，但遮光号不要低于下限值。

1.1.3　预防噪声用品

（1）噪声的来源及危害

焊接过程中，由于电弧燃烧和焊条熔化，产生了噪声。当噪声强度达 100dB 以上时，对人体有不良影响。对噪声最敏感的是听觉器官，强烈的噪声可以引起听觉障碍、噪声性外伤、耳聋等。长期接触噪声还会引起中枢神经系统和血液系统的失调，例如，出现烦躁、血压升高、心跳过速等症状。

（2）对噪声的防护

① 正确地调节焊接工艺参数。

② 加强个人防护，配备隔声耳罩、防噪声耳塞等防护器具。隔声耳罩可隔离噪声值为 15～30dB，它是一种用椭圆形或腰圆形罩壳

把耳朵全部罩起来的护耳器。防噪声耳塞则是插入外耳最简便的护耳器，有大、中、小三种。它的优点是防噪声作用大，体积小，携带方便，价格也比较便宜。

③ 操作房间不应过小，在房间结构、设备等部分采用吸声或隔声材料。

④ 尽可能实现机械化、自动化作业，以便进行远距离操作。

1.1.4 安全帽

在高层交叉作业或立体作业现场，为了预防高空和外界飞来物的危害，焊工应戴安全帽。安全帽在每次使用前都要仔细检查各部分是否完好，是否有裂纹，调整好帽箍的松紧程度，帽衬与帽顶内的垂直距离应保持在 20～50mm 之间。

1.1.5 工作服

焊工所用的工作服主要起到隔热、反射和吸收紫外线等作用，使焊工身体免受焊接热辐射和飞溅物伤害。

在焊接过程中，焊工常用白帆布制作工作服，具有隔热、反射、耐磨和透气性好等优点。在进行全位置焊接和切割时，特别是仰焊时，为了防止焊接飞溅物或熔渣等溅到面部或额部造成烧伤，焊工应用石棉物制作的披肩帽、长套袖、围裙和鞋盖等保护用品进行防护。

焊接过程中，为防止高温飞溅物烫伤，工作服上衣不应当系在裤子里面；工作服穿好后，要系好袖口和衣领上的衣扣；工作服上衣不要有口袋，以免高温飞溅物掉进引发燃烧；工作服应大些，衣长应过腰部，不应有破损孔洞，不允许沾有油脂，不允许潮湿，并要求轻便。焊工所用的工作服如图 1-2 所示。

1.1.6 焊工手套

焊接和切割过程中，焊工必须戴焊工手套。焊工手套要求耐磨、耐辐射热、不易燃烧以及绝缘性良好，所以最好采用牛（猪）面革制作。

 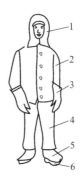

(a) 平焊位　　　　　　　　　(b) 立体交叉作业

1—工作帽；2—毛巾；3—上衣；4—焊工　　1—披肩帽；2—上衣；3—焊工手套；

手套；5—裤子；6—鞋盖；7—绝缘鞋　　　　4—裤子；5—鞋盖；6—绝缘鞋

图 1-2　焊工用工作服示意图

1.1.7　绝缘鞋

　　焊接过程中，焊工必须穿绝缘鞋。焊工的绝缘鞋，需经 5000V 的耐压试验并达到合格。在有积水的地面焊接时，焊工必须穿经 6000V 的耐压试验并达到合格的防水橡胶鞋。绝缘鞋应采用全橡胶鞋底，不得有铁鞋钉。

　　为防止焊接飞溅物危及脚面，除穿好绝缘鞋外，还应系好鞋盖。

1.1.8　安全带

　　焊工在高空作业时，为了防止意外坠地事故，焊前必须在现场系好安全带，然后才能进行焊接工作。安全带要耐高温、不容易燃烧；要高挂低用，严禁低挂高用。

1.1.9　防尘口罩和防毒面具

　　焊工在焊接与切割过程中，当采用整体或局部通风后，也不能使烟尘浓度或有毒气体降低至卫生标准以下时，必须佩戴合格的防尘口罩和防毒面具。

防尘口罩有隔离式和过滤式两类。每类又分自吸式和送风式两种。隔离式防尘口罩将人的呼吸道与作业环境相隔离，通过导管或压缩空气将干净的空气送到焊工的口和鼻孔处，供焊工工作中的呼吸。

过滤式防尘口罩是通过介质过滤，将粉尘过滤干净，使焊工得到干净的空气。

防毒面具通常可以采用送风式焊工头盔来替代。焊接过程中，焊工可采用软管式呼吸器或过滤式防毒面具。

 焊接安全操作

1.2.1　焊工安全用电

（1）电焊机使用安全要求

① 电焊机的工作环境应与其技术说明书中的规定相符，在工作温度过高或过低、湿度过大、气压过低以及在腐蚀性或者爆炸性等特殊环境中作业时，应使用适合特殊环境条件的焊机或采取防护措施。

② 防止电焊机受到碰撞或激烈振动（特别是整流式电焊机），严禁电焊机带电移动；室外使用的电焊机必须有防雨和防雪的防护措施。

③ 焊机必须有独立的专用电源开关，其容量应符合要求。当焊机超负荷工作时，应能自动切断电源。禁止多台焊机共用一个电源开关。

④ 焊机电源开关应装在焊机附近人手便于操作的地方，周围应留有安全通道。

⑤ 采用启动器启动焊机时，必须先合上电源开关，然后再启动焊机。

⑥ 焊机的一次电源线长度，一般不宜超过 2～3m，当有临时任

务，需要较长的电源线时，应沿墙或立柱用瓷瓶隔离布设，其高度必须离地面 2.5m 以上，不允许将一次电源线拖在地面上。

⑦ 焊机外露的带电部分，应设有完好的防护（隔离）装置，其裸露的接线柱必须有防护罩。

⑧ 禁止连接建筑物的金属构件和设备等，作为焊接电源的回路。

⑨ 焊机应平稳地放在通风良好、干燥的地方，不得在靠近高热及易燃易爆危险环境下工作。

⑩ 禁止在电焊机上放置任何物品和工具，启动焊机前，焊钳和焊件不能短路。

⑪ 焊机必须经常保持清洁，清扫焊机时必须停电后进行。清扫时，焊接现场如有腐蚀性、导电性气体或飞扬的浮尘，必须对焊机进行隔离防护。

⑫ 每半年对焊机进行一次维修保养。发生故障时，应立即切断电源，及时通知电工或专业人员进行检修。

⑬ 经常检查和保持焊机电缆与焊机接线柱的接触良好，并保持螺母紧固。

⑭ 工作完毕或临时离开工作现场时，必须切断焊机电源。

（2）焊机接地安全要求

① 各种焊机的外壳、电器控制箱、焊机组等，都应按《电力设备接地设计技术规程》的要求接地，如图 1-3 所示，防止触电事故发生。

② 焊机接地装置必须经常保持接触良好，定期检测接地系统的电气性能。

③ 禁止用乙炔管道、氧气管道等易燃易爆气体的管道作为接地装置的自然接地极，防止由于产生电阻热或引弧时冲击电流的作用，产生火花而引爆。

（3）焊接电缆安全要求

① 焊接电缆外皮必须完整、绝缘良好，绝缘电阻不能小于 1MΩ。

图 1-3　焊机接地装置示意

②　连接焊机与焊钳必须采用柔软的电缆线，长度一般不超过 20～30m。

③　焊机的电缆线应当采用整根的电缆导线，中间不应有接头。当工作需要接长导线时，应使用接头连接器牢固地连接，并保持绝缘良好，如图 1-4 所示。

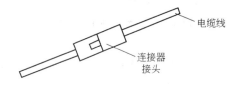

图 1-4　焊接电缆接头示意

④　当焊接电缆线要横过道路时，必须采取保护措施，如图 1-5 所示，严禁搭在气瓶或其他易燃易爆物品上。

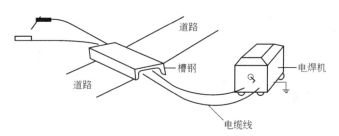

图 1-5　焊接电缆线横过道路的保护方法示意

（4）电焊钳安全要求

① 电焊钳必须有良好的绝缘性和隔热能力，手柄的绝缘层要良好。

② 电焊钳应保证操作灵活，质量不超过 600g。

③ 禁止将过热的焊钳浸在水中冷却后使用。

1.2.2　登高作业安全知识

一般焊工在离地面 2m 以上进行焊接或切割时，即为登高作业。登高作业时必须采取安全措施，防止高处坠落、火灾、触电、物体打击等事故发生，其措施如下：

① 登高作业必须系好安全带，戴好安全帽。安全带的长度一般不超过 2m，且必须采取高挂低用，切不得低挂高用。

② 防止物体落下伤人，焊条头不能随意乱扔，防止灼伤地面行人或引燃地面物品。焊、割作业点周围下方地面上，焊、割时火花能溅到的地方，应清除干净，不得有易燃易爆物品。并应设置围栏，禁止无关人员进入施工现场或交叉作业。地面应设专人监护和指挥。

③ 当需踏梯子登高时，必须检查梯子是否牢固完好，梯脚是否装有角铁或防滑胶垫，梯顶应有挂钩或用绳子绑牢。架设梯子时，应保持平稳，不得架在木箱、铁桶等不牢固的基础上，梯子与地面的夹角不应大于 60°，以防滑落。使用人字梯时，应防止跨度变大，一般夹角应为 40°左右，且只允许一人登梯。使用脚手架时，其宽度不应小于 120cm，高度 3m 以上的工作面外侧，应设 18cm 高的挡脚板和 1m 高的栏杆。如果脚手架高度不够时，不允许重复加高。

④ 登高时，当接近高压线、裸露导线或距低压线小于 2m 时，必须确认停电后方可进行作业。并要在开关、电闸处加锁、出示警告标牌，以防有人误送电。

⑤ 焊把线要紧绑在固定处，严禁绕在人身上或搭在背上工作。

⑥ 登高作业时不得使用带有高频装置的电焊机，以防触电造成坠落。

⑦ 登高人员必须经健康检查合格。患有高血压、心脏病、精神病等病症和经医生证明不能登高者，不得登高作业。

⑧ 六级以上大风和雨天、雪天、雾天，禁止登高作业。夜间登高应备有良好的照明。

1.2.3 罐内焊接安全知识

石油、化工行业生产中常使用压力容器、压力管道、锅炉等设备，其介质多为有毒、易燃、易爆及腐蚀性物料。进入这些容器内的作业，统称为罐内作业。在罐内、地坑、暖气道、下水道等闭塞的场所焊接时，由于空间较小、空气流动不畅通，很可能产生、积蓄大量有毒气体，如果贸然进行焊接，不仅容易发生火灾、爆炸，还容易发生中毒或窒息事故。因此作业前要做好各项准备工作，采取可靠的安全措施。

（1）可靠隔离

在设备检修时，应将所有与外界连通的管道拆除或用盲板堵住，与生产系统安全隔离（盲板不得漏气），并拆除电源，使之不带电。

有条件时，应将设备拆下，移到固定动火区进行焊接。

（2）清洗和置换

焊接动火前，通常要采用蒸汽或不燃性气体（如氮气、二氧化碳等）置换设备中的可燃性气体（禁水物质和残留的三氯化氮不能用蒸汽吹扫）。

当用置换和吹扫不能去除黏结在设备内壁上的可燃、有毒的结垢物时，应采用清洗的方法，如用热水蒸煮、酸洗、碱洗，以使结垢物软化，溶解后除掉。也可用溶剂清洗（但需进行二次清洗，防止溶剂与结垢物形成危险性混合物）。假如上述方法都不能去除结垢物时，只能穿好防护服、戴好防毒面罩，进入设备内，用不产生火花的工具进行润湿、软化、铲除。

（3）取样分析

经过严格的置换和清理后，要对设备内的气体成分进行取样分析，以保证罐内可燃物质不超过标准规定。

（4）通风

为了保持罐内有足够的氧气，防止有害气体的积聚，应打开所有通孔，如人孔、接管、风门等。禁止焊补无孔的密闭容器。

（5）监护

进入罐内焊接时，应设专人在罐外监护，监护人必须具有一定的安全生产经验，熟悉设备和工艺情况。进入罐内前要明确联系信号，并随时注意罐内、外情况，不得离开岗位，一旦发现异常现象，立即召集人员处理。

（6）现场清理

检修动火前，应将四周容易燃烧、爆炸物品移到安全地方，准备好工具和消防器材，照明灯电压不得超过 12V。

各种焊接方法的安全技术要点

1.3.1　焊条电弧焊安全技术要点

① 焊工需经安全教育考试及体检合格后，持证上岗。

② 焊工操作时，应严格执行安全操作规程。

③ 焊接盛装过易燃、易爆及有毒物料的容器（桶、罐等）、管道设备时，应遵守《化工企业焊接与切割中的安全》的相应规定，采取安全措施，并获得本企业和消防管理部门的动火证明书后，才能进行焊接。

④ 在封闭容器、罐、舱室中焊接时，应先打开焊件的孔洞，使内部空气流通，并设专人防护。

⑤ 未经安全部门批准，不得在带压或带电的容器上进行焊接。

⑥ 登高作业时，安全设施要完善，并定出危险区范围，禁止在

下方及危险区内存放易燃易爆物品或停留人员。

⑦ 禁止将电焊的电缆缠在人身体上进行焊接。

⑧ 露天作业遇到六级大风或逢雨、雪、雾天时，应停止焊接工作。

⑨ 仰焊时，为防止火星、熔渣从高处落到头部或肩上，焊工应在颈部围上毛巾，穿戴好防燃护肩和袖套等。

⑩ 在狭窄、局部空间内焊接时，应设通风换气设备，并应有专人防护。

⑪ 在禁火区内禁止进行焊接作业。焊接作业点距易燃、易爆物的距离不应小于 10m。

⑫ 焊接作业区须配有足够的灭火器材。

⑬ 焊工工作完毕后，及时清理现场，彻底消除火种。未经确认不得离开。

1.3.2 埋弧焊安全技术要点

① 电源、控制箱的壳体必须可靠接地。

② 接通电源后，不可触及电缆接头、焊丝、导电嘴、焊丝盘及支架等带电体，以免触电。

③ 清除焊机行走通道上可能造成机头与焊件短路的金属件，避免短路中断焊接。

④ 按启动按钮引弧前，应检查焊药的撒放，以免引燃明弧。

⑤ 焊工应穿戴好绝缘鞋、工作服、手套等劳动保护用品。

1.3.3 钨极氩弧焊安全技术要点

在进行钨极氩弧焊操作时，除应防止触电外，还要注意以下几点：

（1）防射线

① 钨极保管存放时，应保存在铅盒内屏蔽射线；

② 磨削电极尖头要在专用的带有抽风排尘装置的砂轮上进行。

（2）防高频

① 焊接电缆线应采用有铜网屏蔽套，并可靠接地；

② 不用高频作为稳弧装置以减少高频电磁场的作用时间；

③ 尽量采用较低的频率。

（3）防弧光辐射

氩弧焊弧柱温度高，紫外线辐射强度大于焊条电弧焊，对皮肤的伤害作用较大，应认真保护。

（4）防烟尘

氩弧焊时，产生大量的臭氧和氮氧化物等烟气，对焊工的呼吸道和肺部产生危害，所以必须采取防护措施，如局部通风、采用排烟罩、使用有排烟功能的焊枪等。

1.3.4　熔化极气体保护电弧焊安全技术要点

进行熔化极气体保护焊时，除防止触电外，还应重视以下几方面。

① 由于熔化极气体保护焊的电弧比焊条电弧焊强得多，紫外线辐射也更强烈，所以选用护目镜片时，应比焊条电弧焊时增大 2～3 个号码。

② CO_2 焊时，飞溅较大，现场的防火措施应加强，以防止火灾发生。

③ 当焊丝送入导管后，不允许用手在焊枪末端检查焊丝伸出长度，也不许将焊枪放在脸部试验气体流动情况。

1.3.5　气焊、气割安全技术要点

气焊和气割是一项具有危险性的工作，对所使用的工具、设备及操作方法，都必须有所了解，以保证生产中的安全。

（1）氧气与氧气瓶

① 氧气瓶应符合《气瓶安全监察规程》和 TJ 30《氧气站设计规

定》的要求。定期进行检验，气瓶使用期满和送检不合格的气瓶，不得继续使用。

② 操作中，气瓶应远离火源、热源，其距离应不小于5m。

③ 冬季使用氧气瓶时，如发现瓶口冻结，只能用热水或蒸汽进行解冻，不可用明火直接加热或锤击。

④ 瓶内氧气不得全部用完，至少保留98～196kPa（1～2kgf/cm^2，表压）的余气。

⑤ 气瓶阀口应清洁，防止杂质、空气进入瓶中发生意外事故。

⑥ 禁止用氧气代替压缩空气吹净工作服，以及对局部焊接部位进行通风换气。

（2）乙炔气瓶

① 溶解乙炔气瓶的充装和运输应符合《溶解乙炔气瓶安全监察规程》和《气瓶安全监察规程》的规定。

② 防止乙炔气瓶遭受剧烈振动与撞击。

③ 严禁在烈日下暴晒和靠近火源。

④ 使用乙炔气瓶应竖立放稳，严禁在地面上卧放使用，防止瓶内丙酮流入减压器、胶管或割炬发生危险。

⑤ 溶解乙炔气瓶内的乙炔不得全部用完，应保留有98～196kPa（1～2kgf/cm^2，表压）的余气。

（3）液化石油气瓶

① 充装液化气瓶时，液体不应超过气瓶容积的80%～85%，必须留出汽化的空间，这样，即使在温度升高时，液体膨胀也不会导致气瓶破裂。

② 使用液化石油气进行气割操作时，应将气瓶放在空气流通的地面上，同时，距离明火、热源5m以上。

③ 液化石油气瓶用完时，瓶内应留有余气，用于充装前检查气样和防止其他气体进入瓶内。

（4）气焊、气割操作安全与防护

① 在狭窄和通风不良的地沟、管道、容器内进行气焊、气割时，

应先在地面调好混合气并点火，不要在工作地点调整火焰。

②禁止在带压、带电的工件、设备上进行气焊、气割。

③工作前要检查工作环境，防止飞溅出的熔融金属落到可燃物上引起火灾。

④大风天气室外操作时，应增设挡风设施。

⑤直接在水泥地面上切割金属材料时，可能引起水泥爆炸，应防止火花飞溅造成烧伤。

焊条电弧焊

 概述

　　焊条电弧焊是利用手工操纵焊条的一种电弧焊接方法，如图 2-1 所示。操作时，焊条和焊件分别作为两个电极，利用焊条和焊件之间产生的电弧热来熔化焊件金属，冷却后形成焊缝。

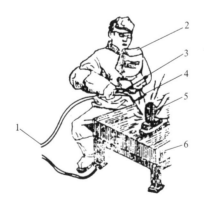

图 2-1　焊条电弧焊操作示意

1—焊接电源；2—面罩；3—焊钳；

4—焊条；5—焊件；6—工作台

焊条电弧焊的设备简单，操作方便、灵活，适用于各种条件下的焊接，特别适用于结构形状复杂、焊缝短小、弯曲或各种空间位置焊缝的焊接。因此，当前仍然是我国工业部门应用最广泛的焊接方法。

由于焊条电弧焊的操作位置变化很多，掌握操作技术的难度较大，而焊接质量在很大程度上又取决于操作技术的熟练程度，所以初学者要理论联系实际，勤学苦练，在反复的练习过程中，掌握操作本领。

焊条电弧焊电源

2.2.1　对焊条电弧焊电源的要求

焊条电弧焊电源是利用焊接电弧所产生的热量来熔化焊条和焊件的电器设备。在焊接过程中，焊接电弧的电阻值一直在变化，并且随着电弧长度的变化而改变，当电弧长度增加时，电阻就增大，反之电阻就减小。

焊接过程中，焊条熔化形成的金属熔滴从焊条末端分离时，会产生电弧的短路现象，一般每秒钟这种短路过渡可达 20～70 滴。当这些金属熔滴被分离后，电弧能在 0.05s 内恢复。

综合各种现象，为满足焊接电弧焊接时的变化需要，对焊条电弧焊电源提出如下要求：

（1）具有陡降的外特性

电源的外特性是指在稳定的工作状态下，焊接电源输出的焊接电流与输出的电弧电压之间的关系。当这种关系用曲线来表示时，该曲线就称为弧焊电源的外特性曲线。电源外特性曲线如图 2-2 所示。

由于一台焊机具有无数条外特性曲线，调节焊接电流实际上就是调节电源的外特性曲线，在实际焊接过程中，电源外特性曲线是选用

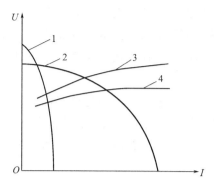

图 2-2　电源的外特性曲线示意

1—陡降外特性曲线；2—缓降外特性曲线；

3—上升特性曲线；4—平特性曲线

陡降的。因为，即使焊接电弧的弧长有变化，也能保障焊接电弧稳定燃烧和良好的焊缝成形。

（2）适当的空载电压

焊条电弧焊焊接过程中，在频繁的引弧和熔滴短路时，维持电弧稳定燃烧的工作电压是 $20\sim30\mathrm{V}$，焊条正常引弧的电压在 $50\mathrm{V}$ 以上。因为焊条电弧焊，焊接电源的空载电压一般为 $50\sim90\mathrm{V}$，所以能满足焊接过程中不断引弧的要求。

（3）适当的短路电流

焊条电弧焊焊接过程中，引弧和熔滴过渡等，都会造成焊接回路的短路现象。如果短路电流过大，不但会使焊条过热、药皮脱落、焊接飞溅增大，而且还会引起焊接电源过载而烧坏。如果短路电流过小，则会使焊接引弧和熔滴过渡产生困难，导致焊接过程难以继续进行。所以，陡降外特性电源应具有适当的短路电流。通常，规定的短路电流等于焊接电流的 $1.25\sim1.5$ 倍。

（4）良好的动特性

焊接过程中，焊接电源的负荷总是在不断变化，焊条与焊件之间会发生频繁的短路和重新引弧。如果焊机的输出电流和电压不能迅速地适应电弧焊过程中的这些变化，这时焊接电弧就不能稳定燃烧，甚至熄灭。这种弧焊电源适应焊接电弧变化的特性，称为动特性。动特性用来表示弧焊电源对负载瞬时变化的反应能力。动特性良好的弧焊电源，焊接过程中，电弧柔软、平静、富有弹性，容易引弧，焊接过程稳定，飞溅小。

（5）良好的调节特性

焊接过程中，需要选用不同的焊接电流。为此，弧焊电源的焊接电流，必须能在较宽的范围内均匀灵活地调节。一般，要求焊条电弧焊电源的电流调节范围，应为弧焊电源额定焊接电流的 $0.25\sim 1.2$ 倍。

2.2.2 焊条电弧焊电源的种类及型号

（1）焊条电弧焊电源的种类

焊条电弧焊电源按产生电流种类的不同，可分为交流电源和直流电源两大类。

交流电源有弧焊变压器；直流电源有弧焊整流器、直流弧焊发电机和弧焊逆变器等。

① 弧焊变压器。弧焊变压器是一种具有下降外特性的特殊降压变压器，在焊接行业里又称交流弧焊电源。获得外特性的方法是在焊接回路里增加电抗（在焊接回路里串联电感和增加变压器自身漏磁）。

② 弧焊整流器。弧焊整流器是一种用硅二极管作为整流元件，把工频交流电经过变压、整流后，供给电弧负载的直流电流。

③ 直流弧焊发电机。直流弧焊发电机是一种电动机和特种直流发电机的组合体。因为焊接过程噪声大，耗能大，焊机重量大等，现已被淘汰。另一种是柴油机和特种发电机的组合，用以产生适用于焊条电弧焊的直流电，多用于野外没有电源的地方进行焊接施工。

④ 弧焊逆变器。弧焊逆变器是一种新型、高效、节能的直流焊

接电源，这种焊机具有极高的综合指标，它作为直流焊接电源的更新换代产品，普遍受到各个国家的重视。

（2）焊条电弧焊机的型号

焊条电弧焊机是将电能转换为焊接能量的焊接设备。其焊机型号表示方法如下：

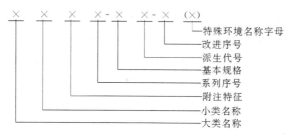

焊机型号举例：

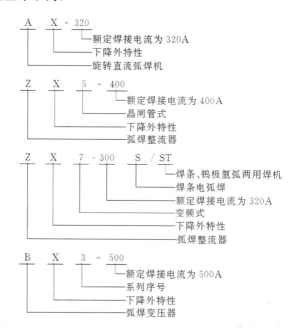

焊机特殊环境名称及代表符号见表 2-1，焊机附加特征名称及代表符号见表 2-2，部分焊机型号及代表符号见表 2-3。

表 2-1 焊机特殊环境名称及代表符号

特殊环境名称	简称	代表符号
热带用	热	T
温热带用	温热	TH
干热带用	干热	TA
高原用	高原	G
水下用	水下	S

表 2-2 焊机附加特征名称及代表符号

大类名称	附加特征名称	简称	代表符号
弧焊发电机	同轴电动发电机组 单一发电机 汽油发电机 柴油发电机	 单 汽 柴	 D Q C
弧焊整流器	硒整流器 硅整流器 锗整流器	硒 硅 锗	X G Z
弧焊变压器	铝绕组	铝	L

表 2-3 部分焊机型号及代表符号

序号	第一字位		第二字位		第三字位		第四字位		第五字位
	代表字母	大类名称	代表字母	小类名称	代表字母	附注特征	数字字母	序列序号	单位	基本规格
1	A	焊接发电机	X P D	下降特性 平特性 多特性	省略 D Q C T H	电动机驱动 单弧焊发电机 汽油机驱动 柴油机驱动 拖拉机驱动 汽车驱动	省略 1 2	直流 交流发电 整流 交流	A	额定焊接电流
2	Z	弧焊整流器	X P D	下降特性 平特性 多特性	省略 M L E	一般电源 脉冲电源 高空载电压 交直流两用	省略 1 3 4 5 6 7	磁放大器或电抗器式 动铁芯式 动圈式 晶体管式 晶闸管式 抽头式 变频式	A	额定焊接电流

续表

| 序号 | 第一字位 | | 第二字位 | | 第三字位 | | 第四字位 | | 第五字位 |
	代表字母	大类名称	代表字母	小类名称	代表字母	附注特征	数字字母	序列序号	单位	基本规格
3	B	弧焊变压器	X P	下降特性 平特性	L	高空载电压	省略 1 3 4 5 6	磁放大器或电抗器式 动铁芯式 串联电抗器式 动圈式 晶闸管式 抽头式	A	额定焊接电流

2.2.3　焊条电弧焊电源的铭牌

每台焊机出厂时，在焊机的明显位置上都有铭牌。铭牌的内容主要有焊机的名称、型号、主要技术参数、绝缘等级、焊机制造厂、生产日期、焊机生产编号等。焊机铭牌中的主要技术参数是焊接生产中选用焊机的主要依据。

焊机铭牌中的主要技术参数包括以下几项。

（1）额定焊接电流

额定焊接电流是焊条电弧焊电源在额定负载持续率工作条件下，允许使用的最大焊接电流。负载持续率越大，表明在规定的工作周期内，焊接工作时间越长，因此，焊机的温度就要升高，为了不使焊机的绝缘被破坏，就要减小焊接电流。当负载持续率减小时，表明在规定的工作周期内，焊接工作的时间缩短了，此时，可以短时加大焊接电流。当实际负载持续率与额定负载持续率不同时，焊条电弧焊机的许用电流就会变化，可按下式计算：

$$许用焊接电流＝额定焊接电流×\sqrt{\frac{额定负载持续率}{实际负载持续率}}$$

焊机铭牌上一般都列出几种不同的负载持续率所允许的焊接电流。弧焊变压器和弧焊整流器电源，都是以额定焊接电流来表示其基本规格的。

（2）负载持续率

负载持续率是指弧焊电源负载的时间占选定工作时间周期的百分比。按下式计算：

$$负载持续率 = \frac{在选定工作时间周期中弧焊电源的负载时间}{选定工作时间周期} \times 100\%$$

用负载持续率这一参数可以表示焊接电源的工作状态。因为弧焊电源的温升与焊接电流的大小有关，也和弧焊电源的工作状态有关。例如，连续焊和断续焊时，弧焊电源的温升是不一样的。我国标准规定，对于容量在 500A 以上的焊条电弧焊电源，其工作周期为 5min，5min 内有 2min 是用于换焊条、清渣，而焊机的负载时间是 3min，则该焊机的负载持续为 60%。

对于一台弧焊电源，随着实际焊接时间的延长，间歇的时间缩短，而负载持续率就会增高，弧焊电源就容易发热升温，甚至烧损。所以焊工开始工作前，要看好焊机上的铭牌，按负载持续率规定使用焊机。例如，BX3-400 的焊机在负载持续率为 60% 时，其额定焊接电流为 400A。

（3）一次电压、一次电流、相数、功率

这些参数说明该弧焊电源对电网的要求，弧焊电源接入电网时，一次电压、一次电流、相数、功率等参数，都必须与弧焊电源相符，才能保证弧焊电源安全正常工作。

2.2.4 焊条电弧焊电源的特性及应用

电弧焊电源是用来对电弧焊过程提供电能的一种专用设备。从经济观点出发，要求其结构简单、轻巧，制造、维修方便，消耗材料少，节省电能，成本低；从使用观点出发，则要求使用方便、安全、可靠，性能满足焊接要求，容易维修。然而，在电弧焊电源的特性和结构方面，还具有不同于一般电气设备的特点。这主要是由于弧焊电源的负载是电弧，它的电气性能要满足和适应电弧负载的特性。因此，各种电弧焊的电源，必须适应焊接的工艺性能要求。

2.2.4.1 交流弧焊电源

（1）动铁芯式弧焊变压器

变压器的一次与二次绕组，分绕在口形铁芯的两侧，并在口形铁芯的中间加入一个可以移动的梯形铁芯，称为动铁芯。输出电流的调节是通过动铁芯插入或移出口形铁芯的磁路进行的，其结构如图 2-3 所示。

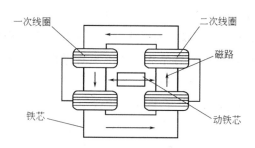

图 2-3　动铁芯式弧焊变压器的结构示意图

动铁芯式弧焊变压器的优点是结构紧凑；缺点是工作时易产生较大的噪声。

（2）动圈式弧焊变压器

变压器的一次绕组和二次绕组都分成两组线圈，但一次绕组与二次绕组之间的耦合不是很紧密，可通过一次绕组和二次绕组之间的距离来改变耦合程度，漏感也随之改变。两者之间的距离越近，漏感越小，等效的串联电感也越小，输出电流就越大；反之，输出电流则越小。此外，为了获得较宽的电流调节范围，常采用分挡调节的方式。

动圈式弧焊变压器的结构如图 2-4 所示。

动圈式弧焊变压器的体积和重量较大。但其线圈受力相对动铁芯式中的阻力小，所以工作噪声低，且动圈位置稳定，输出焊接电流稳

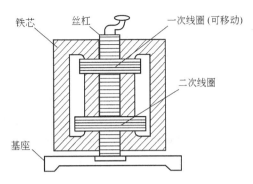

铁芯　丝杠　一次线圈(可移动)

二次线圈

基座

图 2-4　动圈式弧焊变压器结构示意图

定性好。

（3）抽头式弧焊变压器

采用有固定漏磁旁路的铁芯，其一次绕组分为两部分。其中一部分是与二次绕组有较大漏磁的；另一部分与二次绕组紧密耦合，通过双刀同轴开关改变抽头位置，调节一次绕组在上述两部分之间的分配，而不改变匝数之和，从而实现不改变电压调节焊接电流的目的。抽头式弧焊变压器的结构如图 2-5 所示。

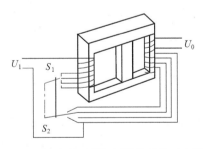

U_1　S_1　U_0

S_2

图 2-5　抽头式弧焊变压器的结构示意图

抽头式弧焊变压器的特点是结构简单，作为一种简易电源，用于要求不高的焊接应用场合。

（4）串联饱和电抗器式弧焊变压器

饱和电抗器由一个闭合铁芯和两个绕组组成。控制绕组（即直流绕组或励磁绕组）所加电压为直流控制电压，流过绕组的电流为控制励磁电流；交流绕组则串联于交流电路中，由主变压器的输出交流电压，经饱和电抗器降压后向负载（电弧）输出电流。

当在控制绕组中加上控制电流时，便产生直流磁通。控制电流增加，铁芯的饱和程度也增加，交流绕组的感抗减少，压降减少，输出电流便增加；反之则减小，从而达到调节焊接电流的目的。

这类弧焊电源的特点是结构简单、坚固耐用、工作可靠，但调节参数少，不精确，不灵活，动态响应速度慢，只适合于要求不高的场合。

（5）电子控制型弧焊电源

电子控制型弧焊电源包括电抗器式晶闸管矩形波交流弧焊电源、数字开关式晶闸管矩形波交流弧焊电源、逆变式晶闸管矩形波交流弧焊电源。

电子控制型弧焊电源是借助电子线路（含反馈电路）来进行控制的，包括对输出电流、电压波形的任意控制。

这种电源的共同点是都有一个电子功率系统和电子控制系统。电源的供电系统是由电子功率系统和电子控制系统调节的，而输出又由检测电路监控，从检测电路取得的信号与给定值比较后，将其差值经放大器放大，然后再送往电子控制系统和电子功率系统进行调节，以实现整个闭环电路的反馈控制。电子功率系统决定了电源的基本性能；而电子控制系统则用于生产所需要的静态和动态特性，并对外特性进行任意控制。

电子控制型弧焊电源具有良好的动特性，可调参数多，输出电压、电流稳定性好、抗干扰能力强，因而是控制精密、性能优良的弧焊电源。可以应用于各种弧焊工艺方法，并能对高合金钢、热敏性大的合金材料或要求较高的工件进行焊接，特别适合作为管道全位置自动焊和弧焊机器人的电子弧焊电源。

此外，矩形波交流弧焊电源，输出电流为矩形波。这种波形波较通常的正弦波交流，具有电流过零点快、电弧稳定性好的优点。且通过电子控制电路，正负半波通电时间比和电流比均可自由调节。用于钨极氩弧焊时，除具有电弧稳定、电流过零点时重新引弧容易、不必加稳弧措施外，通过正常调节正、负半波通电时间比，在保证阴极雾化的前提下，增大正极性电流，能获得最佳熔深，可提高生产率和延长钨极使用寿命，还可不采用消除直流分量装置；用于碱性焊条电弧焊时，可使电弧稳定、飞溅小；用于埋弧焊时，焊接过程稳定，焊缝成形好。

方波交流弧焊电源常用的电路形式有记忆电抗器式和逆变器式两种。

方波交流电源是将电感接在整流器的直流输出端，然后整流器的交流输入端与负载串联，连接到交流变压器的输出端，输出电感一直工作在直流状态。当足够大时，利用电感的储能作用（记忆功能），对电源可引起电流畸变及电压尖峰，使流过负载电流波形由正弦波转换为方波，并在交流方波中具有尖峰电压，极有利于交流过零点时的电弧稳定。

此外，通过调节正、负半波晶闸管的导通时间比例，还可获得正、负半波时间宽度不等的矩形波。

如果直流电源再次逆变，可获得性能更为优良的方波交流电源，不但正、负半波的时间可在一个非常宽的范围内调节，其频率也不受工业电网频率的限制，而且正、负半波的幅值还可分别调节。从电源的输出看，其极性和幅值随时可变。

变极性方波交流电源非常适用于铝合金的交流钨极氩弧焊及等离子弧焊，即在工件的负半波，通过使用高而窄的电流波形，能最大限度地满足阴极雾化需要，同时，又可有效地降低钨极烧损。

逆变式方波交流电源通常由直流弧焊电源及方波发生器组成。

2.2.4.2　直流弧焊电源

直流焊接电源的种类很多，其外观和内部结构差异甚大。但总体上它的基本结构是由输入电路部分、降压电路部分、整流电路部分、输出电路部分和外特性控制部分等组成。

（1）机械调节型直流弧焊电源

机械调节型直流弧焊电源主要是抽头式弧焊整流器。它采用低漏磁的单相或三相变压器，并在二次输出端加整流电路。通常在变压器的一次绕组设有抽头，通过开关改变变压器的抽头位置从而改变变压器的变压比，最终调节直流输出电压。

抽头式弧焊整流器具有简单、经济、可靠而且容易推广的特点，应用较广泛，常用于 CO_2 气体保护焊电源。

（2）电磁控制型直流弧焊电源

这种电源主要是磁放大器式弧焊整流器及自调节电感式弧焊整流器。前者系在降压变压器和硅整流器之间（两者各自分离）接入磁饱和电抗器（磁放大器）用以获得所需的外特性和调节工艺参数，而后者则将降压变压器和硅整流器制成一体，以利于无级调节焊接工艺参数。

这类弧焊电源一般用于焊条电弧焊和钨极氩弧焊。因电网电压补偿效果不理想、遥控控制电流较大、磁惯性大、调节速度慢、不灵活以及体积大而笨重、耗料多等缺点，目前有被淘汰的趋势。对于具有平特性的磁放大器式硅整流器，也可用于气体保护焊，但不太适合用于细丝 CO_2 气体保护焊电源。

（3）电子控制型直流弧焊电源

电子控制型直流弧焊电源一般分为移相式、模拟式和开关式三种类型。

① 移相式电子控制电源。移相式电子控制电源即晶闸管弧焊整流器。三相，$50/60Hz$ 网路电压由降压变压器降为几十伏的电压，借助晶闸管桥的整流和控制，经输出电抗器的滤波和调节动特性，输出所需的直流焊接电压和电流。用电子触发电路控制并采用闭环反馈的方式来控制外特性，从而获得平、下降等外特性，以便对焊接电压和电流进行无级调节。此外，还可通过控制输出电流波形来控制金属熔滴过渡和减少飞溅。

晶闸管弧焊电源根据主电路的结构形式可分为三相桥式全控晶闸

管弧焊整流器和带平衡电抗器双反星形晶闸管弧焊整流器两种。其主电路结构形式如图 2-6 和图 2-7 所示。

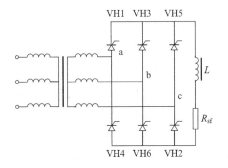

图 2-6　三相桥式全控晶闸管弧焊整流器主电路图

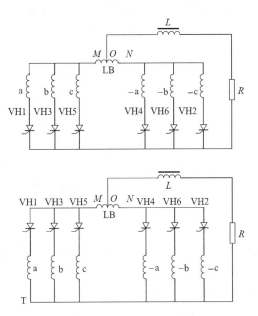

图 2-7　带平衡电抗器双反星形晶闸管弧焊整流器主电路图

前者主要由三相降压主变压器、晶体管整流器、电抗器和控制电路组成，外特性和工艺参数靠调节晶闸管整流器获得；后者则由降压主变压器、平衡电抗器、模拟直流电抗器等组成。通过控制晶闸管整流器，实现工艺参数调节和获得外特性。

② 模拟式电子控制电源。这种电源主要由降压变压器、整流器、晶体管组和输出电抗器及电子控制电路等组成。三相交流经降压和整流变为直流电，输出电压和电流的大小及变化规律取决于大功率晶体管组所起的作用，而大功率晶体管组又受控于给定电压、给定电流、反馈电压和反馈电流。当给定电流为直流或脉冲形式（低频），而大功率晶体管组工作在线性放大状态时，则相应输出直流电或脉冲电，外特性形状取决于反馈电压和反馈电流的比值。

这种电源的特点是可以对外特性曲线形状进行任意控制，以适应各种弧焊方法的需要。但是，因其重量较大，成本高、维修困难、耗电量大，所以主要用于质量要求高的场合。由于输出电流没有波纹，反应速度很快，较适用于熔化极气体保护焊。

③ 开关电子控制电源。根据大功率开关器件放在变压器的二次绕组或一次绕组，可分为开关电源和逆变电源两种。

a. 开关电源。其结构类似于模拟式电子控制电源，但大功率晶体管组，则是工作在高频开关状态。大功率晶体管的给定值，以开关量（中频）形式出现，大功率晶体管组起电子开关作用，则相应输出中频脉冲，经滤波后形成直流电。开关式弧焊电源输出电流有一定的波纹，由于开关是放置在二次绕组，所以开关的损耗较大，一般只适用于小电流的钨极氩弧焊和微束等离子弧焊。

b. 逆变电源（弧焊逆变器，逆变弧焊整流器）。逆变电源的基本原理是：当单相或三相 $50Hz$ 的交流网路电压，经输入整流器整流和输入滤波器滤波，借助大功率电子开关（晶闸管、晶体管、场效应管或绝缘栅双极晶体管）的交替开关作用，又将直流变成几千到几万赫兹的中频交流电，再分别经中频变压器、整流器和电抗器降压、整流和滤波，就得到所需的焊接电压和电流。上述变压过程即为 AC—DC—AC—DC 制逆变系统，如图 2-8 所示。

逆变弧焊整流器主要由输入整流、电抗、大功率电子开关

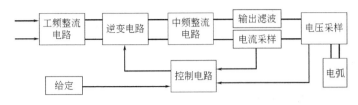

图 2-8　逆变电源的基本原理框图

（晶闸管、晶体管、场效应管或绝缘栅双极晶体管）、中频变压器、输出变压器、电抗器及电子控制电路等组成。借助大功率电子开关和闭环反馈电路，实现对外特性和电弧电压、焊接电流的无级调节。

弧焊逆变器具有高效节能（效率可达 80%～90%）、空载损耗极小、重量轻、体积小、动特性好、工艺性能调节速度快、可无级调速等优点，广泛应用于各种弧焊方法及机器人焊接电源。

（4）恒压特性直流弧焊电源

即是平特性电源。由于电源的短路电流很大，需要串联一个直流电抗器，通过改变电感量加以限制。电感量的改变方法采用抽头电抗器，即采用机械换挡及电磁控制方法，通过改变励磁电流大小调节电抗器铁芯的饱和程度来调节电感量的大小（磁放大器式）以及采用电子控制方法（电子电抗器式）。其中，第一种方法应用不多。

平特性电源主要用于熔化极气体保护焊、药芯焊丝焊及细丝埋弧焊等。

（5）恒流特性直流弧焊电源

即下降特性弧焊电源。这种特性弧焊电源的短路电流一般不大，但对电源的动特性有一定要求。一般用电源空载到短路时的输出响应、空载到负载时的输出响应以及从一种负载到另一种负载的输出响应来表征。

机械调节型弧焊电源的响应特性完全由电源结构决定；电磁控制型弧焊电源响应特性受电磁惯性限制；电子控制型弧焊电源的响应特

性决定于电子控制系统与电子功率系统，而电子功率系统则是决定性因素，其形式有移相控制型功率系统（反应时间最长）、模拟控制型功率系统（反应时间最短）、开关控制型功率系统（反应时间取决于开关频率）。

2.2.4.3 脉冲弧焊电源

脉冲弧焊电源是指所提供的焊接电流是周期性脉冲式的。它包括基本电流（维弧电流）和脉冲电流。目前，获得脉冲电流主要是采用大功率电子开关元件，通过阻抗变换和脉冲给定值来获得的。一般有以下几种方式。

① 利用电子开关获得脉冲电流。即在直流弧焊电源的交流侧或直流侧接上大功率晶闸管，分别组成晶闸管交流断续器或直流断续器，借助它们作为电子开关来获得脉冲电流。

② 利用阻抗变换获得脉冲电流，如变换交流侧阻抗值，或变换直流侧阻抗值等。

③ 利用给定信号变换和电流截止反馈来获得脉冲电流。

④ 利用硅二极管整流作用来获得脉冲电流。

为了使电弧不致在脉冲电流停止时中断，往往通过同一电源切换它的两条外特性或用另一电源来获得基本电流的方法，来维持电弧的连续燃烧。

脉冲弧焊电源的分类方法有多种，通常按获得脉冲电流的主要零件不同分为以下几种。

① 单相整流式脉冲弧焊电源。适用于要求较低的场合。

② 磁放大式脉冲弧焊电源。适用于一般要求的钨极氩弧焊及等离子弧焊。

③ 晶闸管式脉冲弧焊电源。适合要求较高的钨极氩弧焊。

④ 晶体管式脉冲弧焊电源。用于 CO_2 焊以外的脉冲等离子弧焊。

此外，按脉冲电流电源与基本电流的组合分为：并联式（双电源式）和一体式（单电源式）两类。脉冲电源还分为低频和高频两类。

脉冲弧焊电源可获得正弦半波（或局部正弦半波）、矩形波和三角形波三种最基本的脉冲电流波形。采用脉冲电流进行焊接，是以喷射过渡临界电流的平均电流，来完成喷射过渡的，这不仅缩小了熔池体积，且易于实现全位置焊接，改善焊缝成形，缩小热影响区，有利于改善接头组织，减小形成裂纹和变形的倾向。

目前，脉冲弧焊电源主要用于气体保护焊和等离子弧焊。由于脉冲弧焊电源控制线路较复杂，维修也较麻烦，一般是在工艺要求较高时才应用。

2.2.5 焊条电弧焊电源的外部接线

（1）焊接电源的极性

焊条电弧焊的焊接电源有两个输出的电极，在焊接过程中，分别接到焊钳和焊件上，形成一个完整的焊接回路。直流弧焊电源的两个输出极，一个为正极，一个为负极，当焊件接电源的正极，焊钳接电源的负极，这种接线法叫作直流正接法；当焊件接电源负极，焊钳接电源的正极，这种接线法叫作直流反接法。

对于交流弧焊电源，由于电弧的极性周期性改变，工频交流电源电流是交变的，焊接电弧的燃烧和熄灭每秒钟要重复 100 次，所以，交流弧焊变压器的输出电极没有正负极之分。

（2）焊接电源极性及应用

焊条电弧焊过程中，酸性焊条用交流焊机焊接；低氢钾型焊条，可以用交流电源进行焊接，也可以用直流反接法焊接。酸性焊条用直流电源焊接时，厚板宜采用直流正接法焊接，此时焊件接正极，正极的温度较高，焊缝熔深大；焊接薄板时，采用直流反接法焊接为好，此时焊件接电源负极，可防止焊件烧穿。当使用低氢钠型碱性焊条时，必须使用直流反接法焊接。

（3）直流电源极性的鉴别方法

直流电源的极性可采用以下方法进行鉴别：

① 采用低氢钠型碱性焊条，如 E5015，在直流焊接电源上试焊，

焊接过程中，若焊接电流稳定、飞溅小，电弧燃烧声音正常，则表明焊接电源是采用的直流反接，与焊件连接的焊机输出端为负极，与焊把相连接的输出端是正极。

②采用炭棒试焊，如果试焊时电弧燃烧稳定，电弧被拉起很长也不断弧。而且断弧后炭棒端面光滑，表明为直流正接，与焊件连接的焊机输出端为正极，与炭棒相连接的输出端是负极。

③采用直流电压表鉴别。鉴别时将直流电压表的正极、负极分别接在直流电源的两个电极上，若电压表指针向正方向偏转时，与电压表正极相连接的焊接电源输出端是正极，另一端则为负极。

2.2.6 弧焊电源常见故障及排除方法

（1）弧焊变压器常见故障及排除方法

弧焊变压器在焊接领域应用广泛，由于使用、维护不当，会使其出现各种故障，弧焊变压器常见故障特征、产生原因及排除方法见表2-4。

表2-4　弧焊变压器常见故障特征、产生原因及排除方法

故障特征	产生原因	排除方法
变压器外壳带电	(1)电源线漏电并碰在外壳上 (2)一次或二次线圈碰外壳上 (3)弧焊变压器未接地或接触不良 (4)焊机电缆碰在外壳上	(1)消除电源线漏电或解决外壳漏电问题 (2)检查线圈绝缘电阻值,并解决线圈碰外壳现象 (3)认真检查地线情况,使之接触良好 (4)解决焊机电缆碰外壳情况
变压器过热	(1)变压器线圈短路 (2)铁芯、螺杆绝缘损坏 (3)变压器过载	(1)检查并消除短路现象 (2)修铁芯、螺杆绝缘 (3)减小焊接电流
导线接触处过热	导线电阻过大或连接螺栓太松	认真清理导线接触面,保证接触面良好

故障特征	产生原因	排除方法
焊接电流不稳定	(1)焊接电缆与焊件接触不良 (2)动铁芯随变压器的振动而滑动	(1)使焊件与焊接电缆接触良好 (2)将动铁芯或调节手柄固定
焊接电流过小	(1)电缆线接头之间或与焊件接触不良 (2)焊接电缆线过长,电阻大 (3)焊接电缆线盘起,电感大	(1)使接头、焊件间接触良好 (2)缩短电缆线长度或加大电缆线直径 (3)将焊接电缆线散开
焊接时变压器产生"嗡嗡"声	(1)动铁芯螺钉或弹簧太松 (2)动铁芯活动部分移动损坏 (3)一次、二次线圈短路 (4)动铁芯严重振动	(1)拧紧螺钉,调整弹簧拉力 (2)检查、修理 (3)解除一次、二次线圈短路 (4)拉紧弹簧
电弧不易引燃或经常断弧	(1)电源电压不足 (2)焊接回路中各接头处接触不良 (3)二次侧或电抗部分线圈短路 (4)动铁芯严重振动	(1)调整电压 (2)检查焊接回路,使接头接触良好 (3)消除短路 (4)去除动铁芯的松动
焊接过程中,变压器输出反常	(1)铁芯磁回路中,由于绝缘不良产生涡流,焊接电流变小 (2)电抗线圈绝缘损坏,焊接电流过大	检查电路或磁路中的绝缘状态,排除故障

（2）弧焊整流器常见故障及排除方法

弧焊整流器是替代耗电大、噪声大、笨重的旋转式直流弧焊机的直流电源，目前广泛应用于焊接生产中。由于存在对网路电压波动较敏感及整流元件容易损坏等缺点，较容易出现故障。

弧焊整流器常见故障特征、产生原因及排除方法见表 2-5。

（3）ZX7 系列晶闸管逆变弧焊电源常见故障及排除方法

逆变弧焊电源的问世，在焊接电源发展史上是一个飞跃。由于它的焊接工艺性能、各项技术指标均优于其他焊条电弧焊电源，所以在全世界得到迅速发展。然而，由于操作者使用不正确，也会出现各种故障。常见 ZX7 系列晶闸管逆变弧焊电源故障特征、产生原因及排除方法见表 2-6。

表 2-5   弧焊整流器常见故障特征、产生原因及排除方法

故障特征	产生原因	排除方法
焊接电流不稳定	(1)风压开关抖动 (2)控制线圈接触不良 (3)主回路交流接触器抖动	(1)消除风压开关抖动 (2)恢复接触 (3)寻找原因解决抖动
焊机外壳漏电	(1)电流接线误碰机壳 (2)焊机接地不正确或接触不良 (3)变压器、电抗器、风扇等碰外壳	(1)检查焊机接线 (2)检查接地或清理接点 (3)检查电源外壳或接地
弧焊整流器空载电压过低	(1)网路电压过低 (2)磁力启动器接触不良 (3)变压器绕组短路	(1)调整电压 (2)恢复磁力启动器接触状态 (3)消除短路
电风扇不转	(1)风扇电动机线圈断路 (2)按钮开关的触头接触不良 (3)熔丝熔断	(1)恢复线圈断路处 (2)清查触头接触点 (3)更换熔丝
焊接电流调节失灵	(1)焊接电流控制器接触不良 (2)整流器回路中元件被击穿 (3)控制线圈匝间短路	(1)恢复控制器功能 (2)更换元件 (3)消除短路
焊接时电弧电压突然降低	(1)整流元件被击穿 (2)控制回路断路 (3)主回路全部或局部短路	(1)更换损坏的元件 (2)检修控制回路 (3)检修主回路线路
电表无指示	(1)主回路出现故障 (2)电抗器和交流绕组断线 (3)电表或接线短路	(1)恢复主回路 (2)消除断线故障 (3)检修电表

表 2-6   ZX7 系列晶闸管逆变弧焊电源常见

故障特征、产生原因及排除方法

故障特征	产生原因	排除方法
开机后指示灯不亮,风机不转	(1)电源缺相 (2)自动空气开关 SI 损坏 (3)指示灯接触不良或损坏	(1)解决电源缺相 (2)更换自动空气开关 SI (3)清理指示灯接触点或更换
开机后指示灯不亮,电压表及风扇正常	电源指示灯接触不良或损坏	清理指示灯接触点或更换指示灯

续表

故障特征	产生原因	排除方法
开机后无空载电压输出	(1)电压表损坏 (2)快速晶闸管损坏 (3)控制电路板损坏	(1)更换 (2)更换 (3)更换
开机后焊接电流偏小，电压指示不正常	(1)三相电源缺相 (2)换相电容可能损坏 (3)控制电路板损坏 (4)三相整流桥损坏 (5)焊钳电缆截面太小	(1)恢复缺相电源 (2)更换损坏的换相电容 (3)更换损坏的控制电路板 (4)更换损坏的三相整流桥 (5)换大截面电缆
接通焊机电源后，空气开关立即自动断电	(1)快速晶闸管损坏 (2)快速整流管损坏 (3)控制电路板损坏 (4)电解电容个别损坏 (5)压敏电阻有损坏 (6)过压保护板损坏 (7)三相整流桥有损坏	(1)更换损坏的快速晶闸管 (2)更换损坏的快速整流管 (3)更换控制电路板 (4)更换损坏的电解电容 (5)更换压敏电阻 (6)更换过压保护板 (7)更换三相整流桥
控制失灵	(1)遥控插头接触不良 (2)遥控电线内部断线或调节电位器损坏 (3)遥控开关没放在遥控位置上	(1)清理 (2)更换导线或调节电位器 (3)将遥控开关置于遥控位置上
焊接过程出现连续断弧现象	(1)输出电流偏小 (2)电源极性接反 (3)焊条型号选择不当 (4)电抗器有匝间短路或绝缘不良	(1)增大输出电流 (2)改换输出极性 (3)更换焊条 (4)检查、维修电抗器匝间短路或绝缘不良

2.3　焊条电弧焊常用工具及用具

焊条电弧焊常用工具和用具包括焊钳、电缆、胶管、面罩、护目镜片、敲渣锤、角向磨光机、钢丝刷子和焊条保温筒等。

2.3.1　焊钳

焊钳是用以夹持焊条实现焊接过程的工具，其外形如图 2-9 所示。

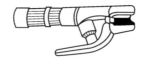

图 2-9　焊钳的外形示意

对焊钳的技术要求是：

① 在任何角度上都能牢固地夹持直径不同的焊条；

② 夹持焊条处应导电良好；

③ 手柄要有良好的绝缘和隔热作用；

④ 结构简单、轻便、安全、耐用。

常用的焊钳有 300A 和 500A 两种，其技术数据见表 2-7。

表 2-7　常用焊钳技术数据

型号	额定电流 /A	适用焊条直径 /mm	电缆孔径 /mm	质量 /kg	外形尺寸 /mm
G352	300	2～5	14	0.5	250×80×40
G582	500	4～6	18	0.7	290×100×45

2.3.2　焊接用电缆

焊接用电缆是多股细电缆，一般有 YHH 型电焊用橡套电缆和 YHHR 型电焊用橡套电缆两种。电缆选用时，应根据所使用的焊接电流值来决定。电缆的长度以 22～30m 为宜。焊接用电缆的技术数据见表 2-8。

2.3.3　胶管

胶管用于气焊、气割、各种气体保护焊、等离子弧焊、氩弧焊等作为气体输送管道。胶管一般分两种，一种是红色，作为氧气管，最大使用压力为 1.5MPa；绿色或黑色作为乙炔管，允许使用压力为 0.5～1.0MPa。各种胶管性能如表 2-9 所示。

表 2-8　焊接用电缆技术数据

电缆型号	标称直径/mm	线芯直径/mm	电缆外径/mm	电缆质量/(kg/km)	额定电流/A
	15	6.23	11.5	282	120
	25	7.50	12.6	397	150
	35	9.23	15.5	657	200
	50	10.50	17.0	737	300
YHH 型	70	12.95	20.6	990	450
	95	14.70	22.8	1339	600
	120	17.15	25.6	—	—
	150	18.90	27.3	—	—
	6	3.96	8.5	—	35
	10	4.90	9.0	—	60
	16	6.15	10.8	282	100
	25	8.00	13.0	397	150
YHHR 型	35	9.00	14.5	557	200
	50	10.6	16.5	737	300
	75	12.95	20.0	990	450
	95	14.70	22.0	1339	600

表 2-9　各种胶管规格和性能

内径/mm	胶层厚度/mm		工作压力/MPa
	内胶层	外拉层	
5	1.4		0.5
6	1.4	1.2	0.5
8	1.4		1.0
10	1.6		2.0
16			

2.3.4　焊条保温筒

焊条保温筒是在焊工施焊过程中，对所使用的焊条保存并加热保温的工具。焊条保温筒使用方便，便于携带。对于低氢型焊条，更需要配备焊条保温筒来进行施焊作业。常用的焊条保温筒型号及规格见表 2-10。

表 2-10　焊条保温筒的型号及规格

型号	类型	容量/kg	温度/℃
TRG-5	立式	5	
TRG-5W	卧式	5	
TRG-2.5	立式	2.5	
TRG-2.5B	背包式	2.5	200
TRG-2.5C	顶出式	2.5	
W-8	立、卧两用式	5	
PR-1	立式	5	300

2.3.5　角向磨光机

角向磨光机是一种用来修磨焊道、清除焊接缺陷和清理焊根等而使用的电动（或风动）工具。角向磨光机具有转速高、清除缺陷速度快以及打磨焊缝表面美观等优点。它与砂轮机、风铲和碳弧气刨相比较，具有效率高、劳动强度低等优点，因而成为焊工在焊接过程中，不可缺少的常用辅助工具。角向磨光机所用的砂轮片分为磨光片和切割片两种，直径有 100mm、125mm、180mm 和 250mm 等多种规格，焊工可根据焊件的大小、焊缝位置、操作空间等工况条件来选择适当规格的磨光片。

 2.4　焊条电弧焊的接头形式与坡口

2.4.1　焊接接头形式

焊接接头是由两个或两个以上焊件用焊接方法连接的，一个焊接结构总是由若干个焊接接头组成。焊接接头按接头的形式可分为五大类，即对接接头、T 形（十字）接头、搭接接头、角接接头和端接接头等。焊接接头按在焊接结构中的作用可分为以下三类。

① 工作接头。主要进行工作力的传递，这种接头必须进行强度计算，确保焊接结构的安全可靠。

② 联系接头。虽然也是参与力的传递，但主要作用是使更多的焊件连接成整体，起连接作用。这类接头通常不作强度计算。

③ 密封接头。密封接头是保证焊接结构的密封性，防止泄漏。密封接头可能同时也是工作接头或联系接头。

焊接接头的基本形式如图 2-10 所示。

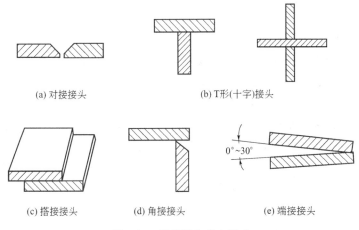

(a) 对接接头　　　　　　(b) T形(十字)接头

(c) 搭接接头　　　　(d) 角接接头　　　(e) 端接接头

图 2-10　焊接接头基本形式

从受力角度来看，对接接头受力状况良好、应力集中程度小、焊接材料消耗较少、焊接变形小，是比较理想的接头形式，在所有焊接接头中，应用最为广泛。为了保证焊缝质量，厚板对接焊缝应在接头处开坡口，进行坡口对接焊。

T 形（十字）接头是把相互垂直的焊件，采用角焊缝连接起来的焊接接头。它有焊透和不焊透两种形式，如图 2-11 所示。

开坡口的 T 形（十字）接头是否能焊透，要根据坡口形状和尺寸而确定。从承受动载的能力看，开坡口焊透的 T 形（十字）接头，

(a) 焊透的接头形式

(b) 不焊透的接头形式

图 2-11 焊透和不焊透两种形式

承受动载的能力较强，其强度可按对接接头计算。不焊透的 T 形（十字）接头，承受力和力矩的能力有限，所以，只能应用在不重要的焊接结构中。

搭接接头是把两个焊件部分重叠在一起，用角焊缝、塞焊缝或压焊缝等连接起来的焊接接头。搭接接头的应力分布不均匀、疲劳强度较低，不是理想的接头形式。但是，由于搭接接头焊前准备及装配简单，所以在焊接结构中应用也较广泛，但对于承受动载的接头不宜采用。

角接接头是把两个焊件的端面构成大于 $30°$、小于 $135°$ 的夹角，连接起来的焊接接头。角焊缝多用于箱形结构上，这种接头承载能力差，大都用在不太重要的焊接结构中。

端接接头是把两个焊件重叠放置或两焊件表面之间夹角不大于 $30°$ 而连接起来的焊接接头。这种接头用于密封构件上，承载能力差，一般不用于重要的结构。

2.4.2 坡口形式和尺寸

（1）坡口形式

坡口是根据设计或工艺需要，在焊件待焊部位加工并装配成一定几何形状的沟槽。焊件开坡口主要是为了保证焊接接头的质量和方便施焊，使焊缝的根部焊透，同时还能调节母材与填充金属的熔合比例。坡口的形式很多，选用哪种坡口，主要是取决于焊接方法、焊接位置、焊件厚度、焊缝熔透要求以及经济合理性等因素。

常用的坡口形式有 I 形、V 形、Y 形、双 Y 形和 U 形等，如图 2-12 所示。

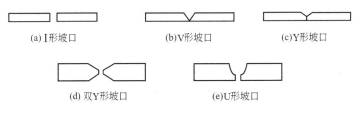

(a)I形坡口   (b)V形坡口   (c)Y形坡口

(d) 双Y形坡口   (e)U形坡口

图 2-12　常用的坡口形式示意

在常用坡口形式中，当板厚相同时，双面坡口比单面坡口、U 形坡口比 V 形坡口焊接材料消耗小。随板厚的增大，消耗比更为突出。但是，U 形坡口较难加工，坡口加工费用大，所以，只用于重要的焊接结构。

（2）坡口尺寸

焊接坡口的尺寸及其代表字母如图 2-13 所示。

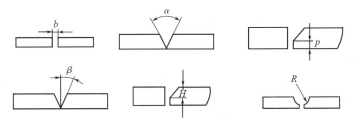

图 2-13　焊接坡口尺寸及其代表字母

b—根部间隙；α—坡口角度；p—钝边；

β 坡口面角度；H 坡口深度；R 根部半径

2.5 焊条电弧焊及基本操作方法

2.5.1 基本操作方法

焊条电弧焊时，基本操作技术是引弧、运条、焊道的连接（接头）和焊道的收尾。

（1）引弧

焊条电弧焊时，引燃焊接电弧的过程，称为引弧。常用的引弧方法有划擦法引弧和直击法引弧两种，如图 2-14 所示。

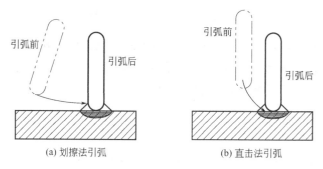

图 2-14　引弧方法示意

不论采用上述哪一种引弧方法，还应注意以下几点：

① 引弧处应无油污、铁锈，以免影响导电和使熔池产生氧化物，导致焊缝产生气孔和夹渣。

② 焊条与焊件接触后，焊条提起的时间要适当。太快，气体电离差，难以形成稳定的电弧；太慢，则焊条和焊件粘在一起造成短路。

③ 引弧时，如果焊条不能脱离焊件，应立即将焊钳从焊条上取下来，待焊条冷却后，用手取下焊条。重新引弧时，要注意夹好焊条。

在规定的时间内，引弧的成功次数越多、引弧的位置越准确，说明越熟练。

焊道的起头是开始焊接的阶段。在一般情况下，这部分焊道要略高些，质量也难以保证。这是因为焊件未焊之前温度较低，而引弧后，又不能迅速使工件温度升高，所以起焊点的熔深较浅；对焊条来说，在引弧后的 2s 内，由于焊条药皮未形成大量的保护气体，最先熔化的熔滴，几乎是在无保护气氛的情况下过渡到熔池中去的。这种保护不好的熔滴，有不少气体，如果这些熔滴在施焊中，得不到二次熔化，其内部气体就会残留在焊道中形成气孔。

为了解决熔深太浅的问题，可在引弧后，先将电弧稍微拉长，使电弧对起头处有一个预热作用。然后适当缩短电弧，进行正式焊接。

焊道起头，为了减少气孔，可将前几滴熔滴甩掉。操作中的直接方法是采用跳弧焊，即电弧有规律地离开熔池，把熔滴甩掉，但焊接电弧并未熄灭。另一种间接方法是采用引弧板（图 2-15），即在焊前装焊一块钢板，从这块板上开始引弧，焊后割掉。采用引弧板，不但保证了起头处的焊缝质量，也能使焊接接头的始端获得合适尺寸的焊缝。

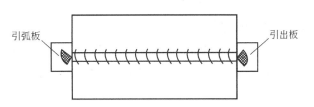

引弧板　　　　　　　　　　　　　　　　　引出板

图 2-15　引弧板和引出板装配示意

（2）运条

在正常焊接阶段，焊条一般有三个基本运动，即沿焊条中心线向熔池送进，沿焊接方向移动，焊条的横向摆动（在平敷焊时可不摆动），如图 2-16 所示。

沿焊条中心线向熔池送进，既是为了向熔池填充金属，也是为了在焊条熔化后，继续保持一定的电弧长度。因此，焊条的送进速度应

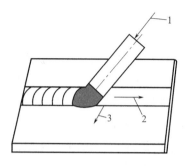

图 2-16 焊条的基本运动示意

1—焊条沿中心线向熔池送进；2—焊条沿焊接方向移动；3—焊条横向摆动

与熔化速度相同，否则，会发生断弧或焊条粘在焊件上的现象。电弧长度通常为 2~4mm，碱性焊条较酸性焊条的弧长要更短一些。

焊条沿焊接方向移动，目的是控制焊道成形。若焊条移动速度太慢，则焊道会过高、过宽、外形不整齐，焊接薄板时甚至会发生烧穿。焊条沿焊接方向移动的速度，由焊接电流、焊条直径及接头的形式来决定。

焊条的横向摆动，是为了对焊件输入足够的热量、排渣、排气等，并获得一定宽度的焊缝或焊道。其摆动范围根据焊件厚度、坡口形式、焊道层次和焊条直径来决定。

上述三个基本动作组成焊条有规律的运动，焊工可根据焊接位置、接头形式、焊条直径与性能、焊接电流大小以及技术熟练程度等来掌握。

（3）焊道的接头

在操作时，由于受焊条长度的限制或操作姿势的变换，一根焊条往往不可能焊完一条焊道，因此，就有了焊道接头、连接的问题。焊道的接头方式如图 2-17 所示。

图 2-17（a）所示接头方式应用最多，接头的方法是在先焊焊道弧坑稍前处（约 10mm）引弧。电弧长度比正常焊接略微长些（碱性焊条电弧不可加长，否则会产生气孔），然后将电弧移到原弧坑的 2/3

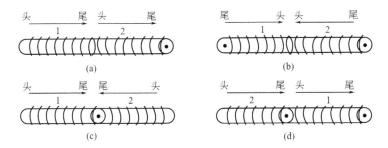

图 2-17 焊道的接头方式示意

1—先焊焊道；2—后焊焊道

处，填满弧坑后，再向前进入正常焊接，如图 2-18 所示。如果电弧后移太多，则可能造成接头过高；后移太少，将造成接头脱节，产生弧坑未填满缺陷。接头时，更换焊条的动作要快，因为在焊缝尚未冷却时进行接头，不仅能保证质量，而且焊道外表面成形美观。

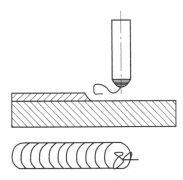

图 2-18 从先焊的焊道末尾处接头方法示意

图 2-17（b）所示接头方式，要求先焊焊道的起头处要略低些。接头时，在先焊焊道的起头处引弧，并稍微拉长电弧，将电弧引向先焊焊道的起头处，并覆盖它的端头，待起头处焊道焊平后再向先焊焊道相反的方向移动，如图 2-19 所示。

图 2-17（c）所示接头方式，是后焊焊道从接口的另一端引弧，焊到先焊焊道的结尾处，焊接速度略慢些，以填满弧坑，然后以较快

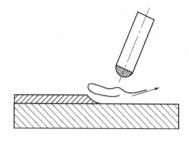

图 2-19　从先焊焊道端头处接头方法

的焊接速度再向前焊一小段，然后熄弧，如图 2-20 所示。

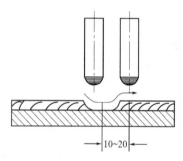

图 2-20　焊道接头的熄弧方法

图 2-17（d）所示接头方式，是后焊的焊道结尾与先焊的焊道起头相连接。要利用结尾时的高温重复熔化先焊焊道的起头处，将焊道焊平后迅速收弧。

（4）焊道的收尾

是指一条焊缝结束时的收尾。如果操作无经验，收尾时即拉断电弧，则会形成低于焊件表面的弧坑。过深的弧坑使收尾处强度减弱，并容易造成应力集中而产生弧坑裂纹。所以，收尾动作不仅是熄弧，还要填满弧坑。一般，收尾有以下方法。

① 划圈收尾法　焊条移至焊道终点时，做圆圈运动，直到填满弧坑再拉断电弧，如图 2-21 所示。此法适用于厚板的焊接，对于薄板则有烧穿的危险。

图 2-21　划圈收尾法示意

② 反复断弧收尾法　焊条移至焊道终点时，在弧坑上需数次反复断弧-引弧，直到填满弧坑为止，如图 2-22 所示。此法适用于薄板的焊接，但碱性焊条不宜采用，因为容易产生气孔。

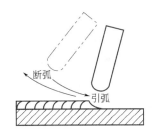

图 2-22　反复断弧收尾法示意

③ 回焊收尾法　焊条移至焊道收尾处即停止，但未熄弧，此时适当改变焊条角度，如图 2-23 所示，焊条从位置 1 转到位置 2，待填满弧坑后再转到位置 3，然后慢慢拉断电弧。碱性焊条宜用此法。

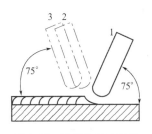

图 2-23　回焊收尾法示意

1～3—位置

2.5.2　平对接焊练习

平对接焊是在平焊位置上焊接对接接头的一种焊接操作方法，如图 2-24 所示。

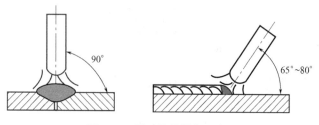

图 2-24　平对接焊操作示意图

（1）操作准备

① 练习焊件　每组 2 块，每块长 300mm，宽 100mm，厚度有两种，$\delta = 3\sim6mm$，用于不开坡口焊；$\delta = 10\sim12mm$，用于开坡口焊。

② 焊条　E4303（J422），直径 3.2～4mm。

③ 电弧焊机　BX-1-350 型直流焊条电弧焊机。

（2）操作要领

焊条电弧焊的操作步骤：

① 清理被焊处，使之露出金属光泽；

② 装配定位焊；

③ 校正焊件；

④ 引弧→运条→收弧；

⑤ 焊后检验。

（3）不开坡口平对接焊

① 装配定位焊　装配定位焊的焊点，如图 2-25 所示。

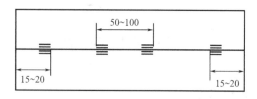

图 2-25　装配定位焊的焊点要求

焊件装配应保证两板对齐，间隙要均匀。定位焊缝长度和间距与板的厚度有关,见表 2-11。

表 2-11　定位焊缝长度和间距　　　　　　　　　mm

焊件厚度	定位焊缝尺寸	
	长度	间距
<4	5~10	50~100
4~12	10~20	100~200
>12	15~30	100~300

为保证定位焊缝的质量,应注意以下事项。

a. 定位焊缝一般都作为以后正式焊缝的一部分,所用焊条要与正式焊接时相同。

b. 为防止未焊透等缺陷,定位焊时电流应比正式焊接时大10%~15%。

c. 如遇有焊缝交叉时,定位焊缝应离交叉处 50mm 以上。

d. 定位焊缝的余高不应过高,定位焊缝的两端应与母材平缓过渡,以防止正式焊接时产生焊不透缺陷。

e. 如定位焊缝开裂,必须将裂纹处的焊缝铲除后重新定位焊。定位焊后,如果出现接口不平齐,应进行校正,然后才能继续进行焊接。

② 焊接方法　焊缝的起头、接头和收尾与上一节所述相同。首先进行正面的焊接,采用直径 3.2mm 焊条,电流 90~120A,直线形运条,短弧焊接,焊条角度如图 2-24 所示。为了获得较大的熔深和宽度,运条速度可慢些。使熔深达到板厚的 2/3,焊缝宽度应为5~8mm,余高小于 1.5mm,如图 2-26 所示。

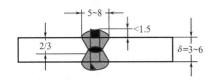

图 2-26　不开坡口对接焊缝的尺寸要求

操作中如发现熔渣与铁水混合不清，即可将电弧稍拉长一些，同时将焊条向焊接方向倾斜，并向熔池后面推送熔渣。这样，熔渣被推到熔池后面，减少了焊接缺陷，维持焊接正常进行，如图 2-27 所示。

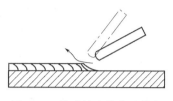

图 2-27　推进熔渣的方法示意

正面焊完之后，接着进行反面封底焊。焊接之前，应清除焊根的熔渣。当用直径 3.2mm 焊条焊接时，电流可稍大些，运条速度稍快，以能熔透为原则。

如果是采用直流焊机，要注意磁偏吹对焊接质量的影响。磁偏吹，是在电弧焊时，因受焊接回路所产生的电磁作用，而产生的电弧偏吹。这是由于电弧周围的磁力线分布不均匀，改变接地的位置，就能克服磁偏吹。此外，在操作时，适当调整焊条角度，使焊条向偏吹一侧倾斜，或采用短弧焊接，都是减少电弧偏吹行之有效的方法。

（4）开坡口的平对接焊

焊接较厚钢板时应开坡口，以保证焊缝根部焊透。一般，开 V 形或 X 形坡口，采用多层焊法和多层多道焊法，如图 2-28 和图 2-29 所示。

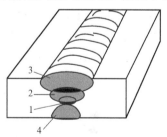

图 2-28　多层焊法示意

1～4—焊接顺序

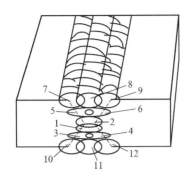

图 2-29 多层多道焊法示意

1～12—焊接顺序

多层焊是指熔敷两个以上焊层完成整条焊缝所进行的焊接。而焊缝的每一层由一条焊道完成。焊接第一层（打底层）焊道时，选用较小的焊条（一般为 3.2mm 焊条）。运条方法视间隙大小而定，间隙小时，用直线形运条法；间隙大时，用直线形往复运条法，以防止烧穿。当间隙很大，而无法一次焊成时，可采用缩小间隙法完成打底层的焊接，如图 2-30 所示。即先在坡口两侧各堆敷一条焊道，使间隙变小，然后再焊一条中间焊道，完成打底层焊焊缝。

图 2-30 缩小间隙法示意

1～3—焊接顺序

在焊第二层时，先将第一层熔渣清除干净，随后用直径较大的焊条（一般为 4mm）采用短弧，并增加焊条的摆动，摆动方法如图 2-31 所示。

由于第二层焊道并不宽，采用直线形或小锯齿形运条较为合适。以后各层也可用锯齿形运条，但摆动的范围应逐渐加宽。摆动到坡口

(a) 之字形摆动

(b) 三角形摆动

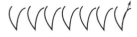

(c) 小锯齿形摆动

(d) 圆圈形摆动

图 2-31　焊条的摆动方法示意

时，应稍加停留，否则，容易产生熔合不良、夹渣等缺陷。应注意每层焊道不要过厚，防止熔渣流到前面，造成焊接困难。为了保证各焊层的质量和减小变形，各层之间的焊接方向应相反，其接头最少要错开 20mm，每焊完一层焊道，都要把表面的熔渣和飞溅等清理干净，才能焊接下一层。

多层多道焊是指一条焊缝是由三条或多条窄焊道依次施焊，并列组成一条完整的焊缝。其焊接方法与多层焊相似，每条焊道施焊时宜采用直线形运条，短弧焊接，操作技术不难掌握。每焊一条焊道必须清渣一次。

（5）熔透焊道的焊接法

在有些焊接结构中，不能进行双面焊，而又要求接头全焊透，这种焊道称为全焊透焊道，也就是单面焊双面成形焊道，如图 2-32 所示。

(a) 有坡口对接

(b) 无坡口对接

图 2-32　全熔透焊道示意

这种在单面焊接要求双面都能达到焊透、成形均匀而整齐的焊接操作方法，不容易掌握，必须多加练习。

对于较厚的焊件，如厚度为 12mm 的钢板的熔透焊，一般要开

V 形坡口，留出钝边 1~1.5mm，组装时，留有 3~4mm 的间隙。

　　焊接时，选用直径 3.2mm 的 E4303（J422）焊条，用 100~120A 的焊接电流，进行打底层焊接。焊条的运动较为特殊，常采用间断灭弧焊法，它是通过掌握燃弧和熄弧时间以及运条动作，来控制熔池温度、熔池存在时间、熔池形状和焊层厚度，以获得良好的反面成形和内部厚度。

　　操作时，要达到焊件熔透的目的：依靠电弧的穿透能力来熔透坡口钝边，焊件每侧熔化 1~2mm，并在熔池前沿形成一个直径比装配间隙大的熔孔，熔池金属中有一部分过渡到焊缝根部及焊缝背面，并与母材熔合良好。在熄弧瞬间形成一个焊波，当前一个焊波未完全凝固时，马上又引弧，重复上述熔透过程，如此反复焊完打底层。要注意不能单纯依靠熔化金属的渗透作用来形成背面焊缝。因为，这样就会形成边缘未熔合，坡口根部未焊透。更换焊条的动作要快，使焊道在炽热状态下连接，以保证接头质量。其余各层均按多层焊方法的要求施焊。

2.6 平角焊

　　平角焊包括角接接头和 T 形接头平焊、搭接接头平焊。

2.6.1　操作准备

　　练习焊件：低碳钢板，单层焊，厚度 $\delta=6mm$；多层焊，厚度 $\delta=12mm$ 两种，每块长度 300mm、宽度 100mm，每组 2 块。焊条，E4303（J422），直径 3.2mm 和 5mm 两种。

2.6.2　操作要领

　　角焊缝的各部位名称如图 2-33 所示。焊脚尺寸与钢板厚度的关系见表 2-12。

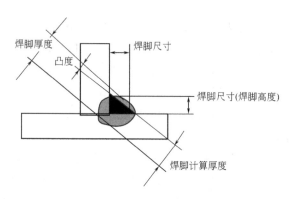

图 2-33 角焊缝的部位名称

表 2-12 焊脚尺寸与钢板厚度的关系 mm

钢板厚度	≥2～3	<3～6	<6～9	<9～12	<12～16	<16～24
最小焊脚尺寸	2	3	4	5	6	8

焊脚尺寸决定焊接层次和焊道数。一般当焊脚尺寸在 8mm 以下时，多采用单层焊；焊脚尺寸在 8～10mm 时，采用多层焊；焊脚尺寸大于 10mm 时，则采用多层多道焊。角焊缝的装配定位焊基本相同，装配时可考虑留有 1～2mm 的间隙。其定位焊位置如图 2-34 所示。

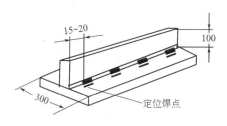

图 2-34 平角焊的定位焊要求

焊接时，引弧点的位置按图 2-35 所示，这样可以对起头处有预热作用，减少焊接缺陷，也可清除引弧痕迹。

（1）单层焊

焊条直径根据焊件厚度不同，可选择 3.2mm 或 4mm，焊接电流

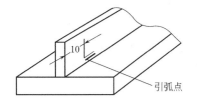

图 2-35 平角焊的起头引弧点示意

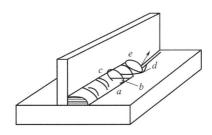

图 2-36 平角焊缝的运条方法示意

比相同条件下平焊时大 10％左右。操作时焊条的位置，应按焊件厚度不同来调节，若两焊件厚度不同，电弧要偏向厚板，才能使两焊件温度均匀。对相同厚度的焊件，焊脚尺寸小于 5mm 时，保持焊条与水平焊件成 45°，与焊接方向成 60°～80°的夹角。如果角度太小，会造成根部熔深不足；角度过大，熔渣容易跑到熔池前面而造成夹渣。运条时采用直线形，短弧焊接。焊脚尺寸为 6～8mm 的焊缝，可采用圆圈形或锯齿形运条，但运条必须有规律，否则容易产生咬边、夹渣、边缘熔合不良等缺陷。运条方法如图 2-36 所示。由 a 点到 b 点要慢些，以保证水平焊件的熔深；由 b 点到 c 点稍快，防止熔化金属下淌；在 c 点稍作停留，以免产生咬边；由 c 点到 d 点稍慢，以保证根部熔深和避免夹渣；由 d 到 e 点也稍快。按上述规律反复操作练习，还要注意收弧时填满弧坑，就能获得良好的焊缝质量。

（2）多层焊

当焊脚尺寸为 8～10mm 时，宜采用两层两道焊法。焊第一层时，采用直径 3.2mm 焊条，焊接电流稍大（100～130A），以获得较大的熔深。运条时采用直线形，收尾时应把弧坑填满或略高些，这样，在第二层收尾时，不会因焊缝温度过高而产生弧坑过低现象。焊第二层前，必须把第一层的熔渣清除干净，如发现夹渣，应用小直径焊条修补后才可焊第二层，这样，才能保证各层间的结合良好。在第二层运条时，如发现第一层有咬边处，应适当多停一些时间，以消除咬边缺陷。

（3）多层多道焊

对于焊脚尺寸大于 10mm 的角焊缝，多层焊时，由于焊脚表面较宽，熔化金属容易下淌，给焊接操作带来一定困难。所以，采用多层多道焊法较为合适。如焊脚尺寸为 10～12mm 时，一般用二层三道的焊法。焊第一道焊道时，用直径 3.2mm 焊条和较大的焊接电流，直线形运条，收尾时要注意填满弧坑，焊完后清除熔渣。

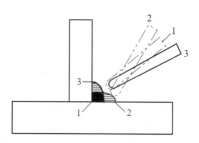

图 2-37　多层多道焊的焊条位置示意

1～3—焊接位置

焊第二道焊道时，对第一条焊道覆盖应不小于 2/3，焊条与水平焊件的角度要稍大些，在 45°～55°之间，如图 2-37 中的位置 2，以使熔化金属与水平焊件很好地熔合。焊条与焊接方向的夹角为 65°～80°，运条速度基本与多层焊时相同。

焊第三条焊道时，对第二条焊道的覆盖应有 1/3～1/2，焊条与平焊件的角度为 40°～45°，如图 2-37 中的位置 3。角度太大，会产生焊脚下偏现象。运条仍用直线形，速度保持均匀，但不宜太慢，因为太慢容易产生焊瘤，影响焊缝成形美观。

焊接中如发现第二条焊道覆盖第一条焊道大于 2/3 时，在焊第三道焊道时，可采用直线形往复运条，以免焊道过高。如果第二条焊道覆盖第一条焊道太少时，第三条焊道可采用斜圆圈形运条，运条时，在垂直焊道上要稍作停留，以防止咬边，以弥补由于第二条焊道覆盖过少而产生焊道下偏现象。

当角焊缝要求全焊透时，根据焊件厚度，应开成单边 V 形或双边 K 形坡口，如图 2-38 所示。

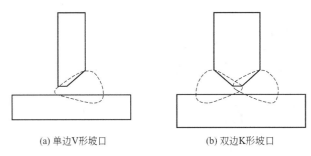

(a) 单边V形坡口   (b) 双边K形坡口

图 2-38 全焊透角焊缝的坡口示意

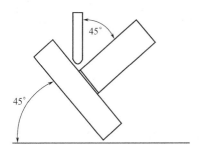

图 2-39 船形焊位置示意

（4）船形焊

为了克服平角焊缝容易产生咬边和焊脚不均匀的缺陷，在实际生产中，常将焊件转动成为图 2-39 所示的焊接位置，称为船形焊。

这种焊法是采用平焊操作方法，有利于选用大直径焊条和较大的焊接电流。运条时可采用锯齿形，焊第一层时仍用小直径焊条及稍大的电流，其他各层与开坡口的平焊操作方法相似。所以，船形焊不但能获得较大的熔深，而且一次焊成的焊脚高度可达 10mm 以上，比平角焊时的生产效率高，也比较容易获得美观的焊缝，因此，有条件时应尽量采用船形焊。

2.7 立对接焊

立对接焊是指对接接头焊件处于立焊位置时的操作。立焊操作有两种方法，一种是生产中常用的由下向上施焊，如图 2-40 所示；另一种则是采用向下专用焊条进行向下立焊操作。

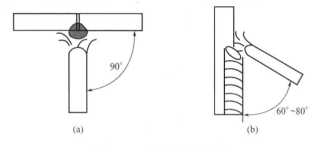

(a)   (b)

图 2-40　立对接焊操作示意

2.7.1　操作准备

① 焊机　BX1-330 型。

② 焊条　E4303（J422），直径 3.2mm 和 4mm；J420 下，直径 3.2mm。

③ 练习焊件　低碳钢板，厚 4mm 和厚 12mm，长 200mm，宽 150mm，每组 2 块。

2.7.2　操作要领

对于初学者来说，向上立焊法比平焊操作时要困难得多。因为在重力作用下，焊条熔化所形成的熔滴及熔池中熔化金属要下淌，使焊缝成形困难，焊缝也不如平焊时美观。为了克服这些困难，可采取以下措施。

① 采用小直径焊条（直径 4mm 以下），使用较小的电流（比平焊时小 10%～15%）。这样，熔池体积小，冷却凝固快，可减小和防止液态金属下淌。

② 采用短弧焊接，弧长不大于焊条直径，利用电弧吹力托住铁水，同时，短弧也有利于焊条熔化金属向熔池中过渡。

③ 采用合适的操作方法。焊接时焊条应处于通过两焊件接口而垂直于焊件平面 [图 2-40（a）]，并与焊件成 60°～80°夹角 [图 2-40（b）]。这样的电弧吹力对熔池有向上的推力，有利于熔滴过渡并托住熔池。

④ 掌握操作姿势。为了便于观察熔池和熔滴过渡情况，操作时可采取手臂有依托和无依托两种姿势，有依托即臂膀轻轻贴在肋部或大腿、膝盖位置，比较平稳、省力。无依托是把手臂半伸开或全伸开，悬空操作，要靠手臂的伸缩来调节焊条位置，手臂活动范围大，但操作难度也大。

为便于操作和观察熔池情况，握焊钳的方法可适当调节，一般有正握法和反握法两种。常用的是正握法，当在较低处或难于施焊的位置焊接时，可选用正握法，但要根据本人情况灵活掌握。

2.7.3　不开坡口的对接立焊

薄板向上立焊时，除采取上述焊接措施外，还可以采用跳弧法和灭弧法，以防止烧穿。

（1）跳弧法

就是当熔滴脱离焊条末端过渡到熔池后，立即将电弧向焊接方向提起，这时为不使空气侵入，长度不应超过 6mm，如图 2-41 所示。

跳弧法的目的是让熔化金属迅速冷却凝固，形成一个"台阶"，

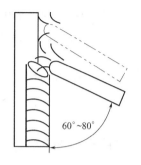

图 2-41 立焊的跳弧法示意

当熔池缩小到焊条直径的 1~1.5 倍时，再将电弧（或重新引弧）稳到"台阶"上面，在"台阶"上形成一个新熔池。如此不断地重复熔化-冷却-凝固-再熔化的过程，就从下向上形成了一条焊缝。

（2）灭弧法

当熔滴从焊条末端过渡到熔池后，立即将电弧熄灭，使熔化金属有一个瞬间冷却凝固的机会，随后重新在弧坑引燃电弧，灭弧时间在开始时可以短些，因为此时焊件还较冷。随着焊接时间的延长，灭弧时间也要增加，才能避免烧穿和产生焊瘤。

不论采用哪种方法焊接，起头时，当电弧引燃后，应将电弧稍微拉长，以对焊缝端头进行预热，随后再压低电弧进行正常焊接。

在焊接过程中，要注意熔池形状，如发现椭圆形熔池的下部边缘，由比较平直的轮廓鼓肚变圆时（图 2-42），表示温度过高，应立即灭弧，让熔池降温，避免产生焊瘤。待熔池瞬间冷却后，在熔池处引弧继续焊接。

立对接焊的接头也比较困难，容易产生夹渣，造成焊缝凸起过高等缺陷。因此，接头时更换焊条要快，采用热接法焊接。在接头时，往往有铁水拉不开，或焊渣、铁水混在一起现象，这主要是由于更换焊条占用时间太长，引弧后预热不够以及焊条角度不正确等引起的。产生这种现象时，必须将电弧拉长一些，并适当延长在接头处的停留时间，同时将焊条角度增大（与焊缝成 90°）。

(a) 正常　　　　　　(b) 温度稍高　　　　　(c) 温度过高

图 2-42　熔池形状与温度的关系示意

2.7.4　开坡口对接立焊

厚板的立焊多采用多层焊。层数的多少，要根据板厚来决定。要注意每条焊道的成形，如果焊道不平整，中间高、两侧低，不仅给清渣带来困难，而且会因成形不良造成夹渣、未焊透等缺陷。

（1）打底层的焊接

打底层是正面的第一层焊道。焊接时选用直径 3.2mm 焊条。根据间隙大小，灵活运用操作方法。为使根部焊透，背面又不致产生塌陷，而在熔池的上方，要穿透一个小孔，其直径等于或稍大于焊条直径。焊件厚度不同，运条的方法也不同，对于厚件可采用小三角形运条，在每个转角处作停留，如图 2-43 所示；对于中厚板或薄板，可采用锯齿形、小三角形或跳弧法。不论采用哪种运条法，如果运条到焊道中间时，不加快速度，熔化金属就会下淌，使焊缝外观不良。当中间运条太慢造成金属下淌后，会导致下一层焊道产生未焊透或未熔合缺陷，如图 2-44 所示。

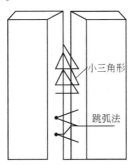

图 2-43　开坡口立焊的运条方法示意

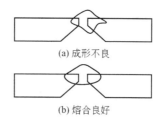

(a) 成形不良

(b) 熔合良好

图 2-44 立焊打底层焊道示意

（2）表面层焊道的焊接

首先要注意表面层的前一层焊道的焊接质量：要使各层的凸起不平处在这一层得到调整，为焊接表面层打好基础；这层焊道要略低于焊件表面 1mm 左右，而且焊道表面要平，以保证表面成形美观。

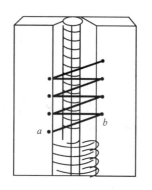

图 2-45 立焊表面层的运条法示意

表面焊道是最后一层焊缝，应满足焊缝的外形尺寸要求。运条方法可根据焊缝余高不同加以选择。摆动要有规律，如图 2-45 所示。摆动到 a、b 两点时，应将电弧进一步缩短，并稍作停留，这样才能有利于熔滴过渡和防止产生咬边。

有时，表面层焊缝也可采用较大电流，在运条时采用短弧，使焊条末端紧靠熔池快速摆动，并在坡口边缘稍作停留。这样，表层焊缝很薄，而且焊波纹细，平整美观。

2.7.5　向下立焊法

这种焊接操作主要用于薄板对接焊缝及管子的对接焊缝的焊接。其特点是焊接速度快、熔深浅、不容易烧穿、焊缝成形美观。同时操作简便，但需要熟练地掌握技巧，其操作要点如下。

① 最好采用结 420 下、E5015（结 507 下）等专用向下立焊的焊条，以使焊缝成形更好。

② 电流应适中，以保证熔合良好。

③ 施焊时，先将焊条垂直于焊件表面用直击法引燃电弧，然后将焊条向下倾斜，与焊件表面成 50°～60°，利用电弧吹力阻止液态金属向下流淌。

④ 采用直线形运条法，一般不横向摆动。但有时也可稍摆动，以利于焊缝两侧与母材的熔合。

2.7.6　立角焊

立角焊是指 T 形接头焊件处于立焊位置的焊接操作，如图 2-46 所示。

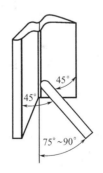

图 2-46　立角焊的操作

（1）焊条位置

为了使两焊件能够均匀受热，保证熔深和提高效率，应注意焊条的位置和角度。如果两焊件的厚度相同，焊条与两焊件的夹角应左右相等，而焊条与焊缝中心线的夹角应保持在 75°～90°。

（2）熔化金属的控制

立角焊的关键是如何控制熔池金属，焊条要按熔池金属的冷却情况有节奏地上下摆动。在施焊过程中，当引弧后出现第一个熔池时，电弧应较快抬高，当看到熔池瞬间冷却成一个暗红点时，将电弧下降到弧坑处，并使熔滴下落时与前面熔池重叠 2/3，然后电弧再抬高。这样，就能有节奏地形成立角焊缝。要注意的是，如果前一个熔池尚未冷却到一定程度，就下降焊条，会造成熔滴之间熔合不良；如果焊条的位置不正确，会使焊波脱节，影响焊缝美观和焊接质量。

（3）焊条的摆动

根据不同板厚和焊脚尺寸的要求，选择不同的运条方法。对焊脚尺寸较小的焊缝，可采用直线形运条法；焊脚尺寸要求较大时，可采取三角形、锯齿形等运条方法，如图 2-47 所示。

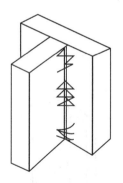

图 2-47　立角焊的焊条摆动方法示意

为了避免出现咬边等缺陷，除选用合适的电流外，焊条在焊缝的两侧应稍作停留，使熔化金属能填满焊缝两侧边缘。焊条摆动的宽度，不大于所要求的焊脚尺寸。例如要求焊后焊脚尺寸 10mm，焊条的摆动范围应在 8mm 以内。

（4）局部间隙过大时的焊接法

当局部间隙超过焊条直径时，可采取向下立焊的方法，使熔化金属把过大的间隙填满，然后再进行焊接。

 ## 2.8 横对接焊

2.8.1 操作准备

① 焊机 BX1-330 型。

② 焊条 E4303（J422），直径 3.2mm 和 4mm。

③ 练习焊件 低碳钢板，厚 6mm 和厚 12mm，长 200mm，宽 150mm。每组 2 块。

2.8.2 操作要领

焊接时，熔池金属有下淌倾向，容易使焊缝上边出现咬边，下边出现焊瘤和未熔合等缺陷。因此，对不开坡口和开坡口的对接横焊，都要选用合适的焊接工艺参数，掌握正确的操作方法，如选用较小的焊接电流、小的焊条直径、较短的焊接电弧等。

（1）不开坡口横焊操作

当焊件小于 6mm 时，一般可不开坡口，采取双面焊。操作时，左手或左臂可以有依托，右手或右臂的动作与对接立焊操作差不多。焊接采用 3.2mm 焊条，并向下倾斜，与水平面成 15°夹角，如图 2-48（b）所示。使电弧吹力托住熔化金属，防止下淌。同时焊条向焊接方向倾斜与焊缝成 70°左右夹角，如图 2-48（a）所示。选择焊接电流时，可比对接焊小 10% ～ 15%，否则，会使熔化温度升高，金属的液态状态时间长，容易下淌而形成焊瘤。操作时要特别注意，如熔渣超前时，要用焊条轻轻推掉。

（2）开坡口横焊操作

当焊件较厚时，一般开 V 形、U 形、单 V 形或 K 形坡口。横焊时的坡口特点是下面焊件不开坡口或坡口角度较小，如图 2-49 所示。

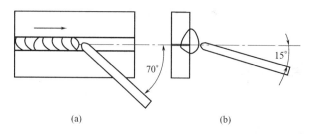

图 2-48　横焊操作示意

这样的坡口有利于避免熔池金属下淌和焊缝成形。

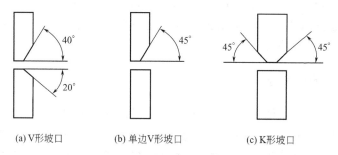

(a) V形坡口　　　(b) 单边V形坡口　　　(c) K形坡口

图 2-49　横焊接头的坡口形式示意

对于开坡口的焊件，可采用多层焊或多层多道焊，其焊道排列顺序如图 2-50 所示。

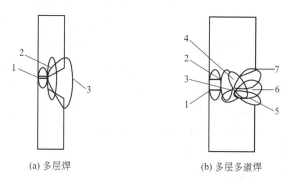

(a) 多层焊　　　　　　(b) 多层多道焊

图 2-50　开坡口焊道的各层顺序示意

1～7—焊道顺序号

在施焊过程中，应保持短弧和均匀的焊接速度。为了更好地防止焊缝出现咬边，和下边产生熔池金属下淌现象，焊条运条时的倾斜角度不得大于 45°。背面焊接时，首先要进行清根，然后用直径 3.2mm 焊条以较大的焊接电流，直线形运条进行焊接。

例如，在开坡口多道横焊时（图 2-51），采用直径 3.2mm 焊条、直线或小圆圈形运条，并根据各道焊缝的具体情况，始终保持短弧和适当的速度，同时焊条角度也应根据各焊道位置来进行调节，就能得到好的焊缝成形。

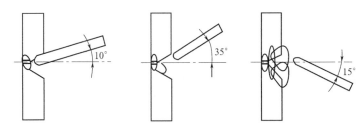

图 2-51 开坡口多道横焊时焊条角度示意

 仰焊

2.9.1 操作准备

① 焊机 BX1-330 型。

② 焊条 E4303（J422），直径 3.2mm 和 4mm。

③ 练习焊件 低碳钢板，厚 6mm 和厚 10mm，长 200mm，宽 150mm。每组 2 块。

2.9.2 操作要领

（1）操作姿势

在角接和对接仰焊时，视线要选择最佳位置，两脚成半开形站立，上身要稳，由远而近运条。为了减轻臂腕的负担，生产中往往将电缆挂在临时设置的钩子上。

（2）角接仰焊

根据焊件厚度不同，采用单层或多层焊。当采用多层焊时，用直径 3.2mm 焊条，将顶端焊透，运条角度如图 2-52 所示，横向摆动用斜圈法。

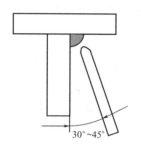

图 2-52　角接仰焊操作示意

在焊接以后各层时，应加大电流和焊条直径，焊接要从焊缝边缘开始，参照平角焊的焊接顺序排列焊道。不要从焊缝中心开始焊接，否则，会使焊道中间高，两边形成夹角；也要避免焊道之间产生沟、坑不平。此外，在焊接中要注意焊件收缩变形，影响焊件尺寸要求。

（3）不开坡口仰焊

在焊接薄板（板厚不超过 4mm）时，一般可不开坡口。组装定位焊后，选用直径 3.2mm 焊条，焊接电流比平焊时小 15%～20%，焊条与焊接方向成 70°～80°角，与焊缝两侧成 90°角，如图 2-53 所示。

在整个焊接过程中，焊条保持在上述位置均匀运条，不要中断。运条方法采用直线形和直线往复形。直线形可用于焊接间隙小的接头；直线往复形用于间隙较大的接头。焊接电流虽比平焊时小，但不宜过小，否则，不能得到足够的熔深，并且电弧不稳，操作时难以掌握，焊缝质量不容易保证。在运条的过程中，要保持最短的电弧长

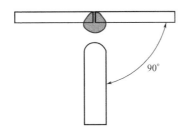

图 2-53　对接仰焊的焊条角度示意

度，以帮助熔滴顺利过渡到熔池中去。为防止液态金属流淌，熔池不宜过大，操作中应注意控制熔池的大小，也要注意熔渣流动情况，只有熔渣能浮出才正常，才能熔合良好。收尾时动作要快，以免焊漏，但要填满弧坑。

（4）开坡口对接仰焊

板厚大于 6mm 的焊件，对接时需开坡口焊，一般开 V 形坡口，但坡口角度要比平焊时大一些，钝边厚度却小些（1mm 以下），组对的间隙也要大些，以便于运条和变换焊条位置，从而克服仰焊的熔深小和焊不透现象。

开坡口对接仰焊，可采用多层焊或多层多道焊。焊第一层时，用直径 3.2 焊条，直线运条，焊接电流比平焊时小 $10\%\sim20\%$。焊缝起头处要采用长弧预热，然后迅速压低电弧于坡口根部，停留 $2\sim3s$，以熔透根部，然后再将焊条前移。正常焊接时，焊条沿焊接方向移动的速度，应在焊透的前提下尽可能快一些，以防止烧穿及下淌。第一层焊道的表面应平整，不能有凸起现象。因为凸形焊道不仅给下一层焊接操作带来一定困难，而且容易造成焊道两侧夹渣、焊瘤等缺陷。

焊接第二层时，要将上一层焊道的熔渣、飞溅清除干净，若有焊瘤时，应采用角向磨光机打磨后再施焊。焊条可采用 4mm，焊接电流 $170\sim200A$，运条用锯齿形，焊条在焊缝两侧稍有停留，中间则要快些，使焊缝的成形平齐美观。

2.10 固定管的焊接

2.10.1　操作准备

① 焊机　BX1-330 型。

② 焊条　E4303（J422）或 E5015（J507），直径 3.2mm。

③ 练习焊件　20 钢管，直径大于 76mm，壁厚 6 或 8mm，长 100mm。每组 2 根。

2.10.2　操作要领

（1）水平固定管焊接操作

由于焊缝是环形，在焊接过程中，需经过平、立、横、仰各种位置。因此，焊接角度变化很大，操作比较困难，所以要注意到各个环节的操作要领。

通常，因为管子的直径较小，人不能进入管内，只能从单面进行焊接，容易产生焊接缺陷，所以对管子焊接的打底层要求特别严格。对于管子壁厚在 16mm 以下时，可开成 V 形坡口。这种坡口易于机械加工或气割，焊接时视野开阔、便于运条，容易焊透。因此，在实际生产中应用较多。对于壁厚大于 16mm 的管子，为克服 V 形坡口张角大，造成填充金属多、焊接残余应力大等缺点，可开成 U 形坡口。其坡口的形状如图 2-54 所示。

管子组对前，在钢管坡口及两侧各 20mm 范围内，用角向磨光机打磨干净，露出金属光泽。组对时，管子轴线中心必须对正，内壁应平齐，不得发生错口现象。焊接时，由于管子处于吊空位置，一般要先从底部起焊。考虑到管子受热后不均匀收缩，对大直径管的间隙，上部要比下部大 1～2mm。选择坡口间隙也与焊条的种类有关，当使用酸性焊条时，对接口上部间隙约等于焊条直径；如果选用碱性

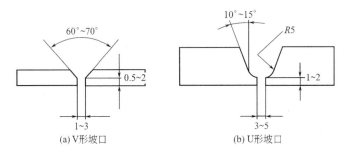

图 2-54　对接管子常用焊接坡口示意

焊条，对接口间隙一般为 1.5～2.5mm。这样，底层焊缝的双面成形良好。间隙过大，焊接时容易烧穿或产生焊瘤；间隙过小，不能焊透。

定位焊一般以管子直径大小来决定点焊处。对直径小于 59mm 的管，可只点焊 1 点。其位置在斜平焊处；直径 133mm 以上的管，可定位焊 3～4 处，定位焊缝长度为 15～30mm，余高约为 3～5mm，焊肉太小容易开裂，太大会给焊接时带来困难。定位焊采用 3.2mm 焊条，电流为 100～120A，定位焊缝的两端，要用角向磨光机打磨出缓坡，以保证正式焊时接头顺利。

正式焊接时，从管子底部仰焊位置开始施焊，分两部分焊接，先焊的一半称为前半部分；后焊的部分称后半部分。

两半部分要按仰、立、平的顺序进行焊接。底层用 3.2mm 焊条，先在仰焊处的坡口边上用直击法引弧，引燃后将电弧移至坡口间隙中，用长弧烤热起弧处，约经 2～3s，使坡口两侧接近熔化状态，立即压低电弧，当坡口内形成熔池，随即抬起焊条，熔池温度下降，熔池变小，再压低电弧向上顶，形成第二个熔池。如此反复一直向前移动焊条。当发现熔池温度过高，熔池熔化金属有下淌趋势时，应采取灭弧法，待熔池稍变暗时，再重新引弧，引弧部位要在前熔池稍前一点。

为了防止仰焊部位塌陷，除合理选择坡口角度和焊接电流外，引弧要平稳准确，灭弧要快，从下向上焊接，保持短弧，电弧在两侧的停留时间不宜过长。操作位置不断变化，焊条角度也必须相应变化。到了平焊位置，容易在背面产生焊瘤，电弧不能在熔池前多停留，焊条可做幅度不大的横向摆动。这样，能使背面有较好的成形。

后半部的操作与前半部基本相同，但要完成两处接头。其中，仰焊接头比平焊接头难度更大，也是整个水平固定管焊接的关键。为了便于接头，前半部焊接时，仰焊起头处和平焊的收尾处，都应超过管子中心线 5~15mm，在仰焊接头时，要把起头处焊缝用角向磨光机磨掉 10mm 左右，使之形成慢坡。接头焊接时，先用长弧加热接头处，运条到接头的中心时，立即拉平焊条，压住熔化金属，切不可熄弧，将焊条向上顶一下，以击穿未熔化的根部，使接头完全熔合。当焊条至斜立焊位置时，要采用顶弧焊，即将焊条向前倾斜，并稍有横向摆动，如图 2-55 所示。

图 2-55　平焊部位接头时顶弧焊法示意

当焊到距接头处 3~5mm 处即将要封口时，应把焊条向里压一下，可听到电弧击穿根部的"噗、噗"声，将焊条在接头处来回摆动，使接头充分熔合。然后填满弧坑把电弧引到焊缝的一侧熄弧。

中间层及盖面层，也是从仰焊部位开始，平焊部位终止。起头处要焊得薄一些，避免形成焊瘤。中间层的焊肉不要凸起，盖面时要掌握好高度，特别是仰焊部位不能超高，要与平、立焊缝的高度和宽度保持一致。图 2-56 是一般管道焊缝的尺寸要求。

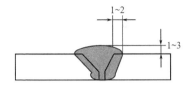

图 2-56 管子焊缝的外形尺寸要求

（2）垂直固定管的焊接操作

焊接垂直固定管的操作位置，如图 2-57 所示。

这种接头的坡口及装配要求，与水平固定管子相同。打底层焊接时，先选定始焊处，用直击法引弧，拉长电弧烤热坡口，待坡口处接近熔化状态，压低电弧，形成熔池。随即采用直线或锯齿形运条，向前移动。

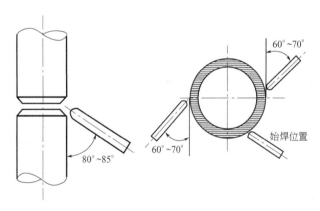

图 2-57 垂直固定管的焊接操作示意

当换焊条时，动作要快，在焊缝还没完全冷却时，即再次引燃电弧，这样便于接头。焊完一圈回来到始焊处，听到有击穿声后，焊条要略加摆动，填满弧坑后熄弧。打底焊缝的位置，应在坡口中心稍偏下一点。焊道的上部不要有尖角，下部不能有黏合现象。中间层焊道可采用斜锯齿形运条，这种操作方法缺陷少，生产效率较高、焊波均匀。但操作难度大。如果采用多道焊法，可增大直线运条的电流，使焊道充分熔化。焊接速度不要太快，让焊道自上而下整齐排列。焊条的垂直倾角随焊道变化，下部倾角要大，上部倾角小些。焊接过程中，要保持熔池清晰，当熔渣与熔化金属混淆不清时，可采用拉长电弧并向后甩一下，将熔渣与铁水分开。中间层不应把坡口的边缘盖上；焊道中间要稍微凸起，为盖面层作好准备。

盖面层焊道从下而上两端焊速快些，中间要慢些，使焊道呈凸形。焊道之间可先不清除渣壳，以使温度下降缓慢。最后一道焊缝焊条的倾角要小，以防止产生咬边。

（3）倾斜 45°固定管的焊接操作

这是管子的位置介于水平固定和垂直固定位置之间的一种焊接操作，如图 2-58 所示。

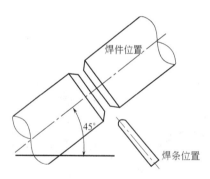

图 2-58　倾斜 45°固定管的焊接操作示意

焊件管子的坡口与前面所述形式、尺寸相同。定位焊缝仍按管径的大小而定。

① 打底层焊接操作　选用直径 3.2mm 焊条，电流为 100～120A，分两半部分完成焊接。前半部分焊接时，先从仰焊位置起弧，用长弧对准坡口两侧进行预热，待管壁温度明显上升后，压低电弧，击穿钝边，然后用跳弧法向前进行焊接。当熔池温度过高时，可能产生熔化金属下淌，应采用灭弧法控制熔池温度。如此焊完前半部分。后半部分焊接时，接头和收尾焊法与水平固定焊操作相同。

② 盖面层焊接操作　在焊接盖面层时，有一些独特的运条方法。首先是起头，因为焊完中间层后，焊道较宽。引弧后，焊条可从底部最低处一带而过，焊层要薄，形成一个"人"字形接头。其次是运条，管子的倾斜度不论多大，工艺上一律要求焊波成水平或接近水平方向，否则成形不好。因此，焊条总是保持在垂直位置，并在水平线上左右摆动，以获得较平整的盖面层。摆动到两侧时，要停留足够的时间，使熔化金属覆盖量增加，防止出现咬边。收尾在管子的上部，要求焊波的中间略高些，这样，可防止产生缺陷，使表面成形美观。

（4）固定三通管的焊接操作

在化工管道中，三通管形式的管道是常见的，而且大都是在固定位置焊接。

① 平位三通管（图 2-59）　这种管的焊缝实际上是立焊与斜横焊位置的综合。其焊接操作也与立焊、横焊相似。一圈焊缝要分四段进行。

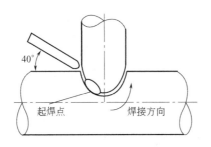

图 2-59　平位三通管固定焊示意

打底层起头，要在中心线前 5～10mm 处开始，运条采用直线往复形，以保证根部焊透，同时要注意防止咬边。

② 立焊三通管　立位三通管要分两半部分焊接。从仰位中心开始，逐渐过渡到上坡角焊→立焊→下坡立角焊，到平焊结束。起头、运条和收尾与平位三通相同。

③ 横位三通管　横位三通管也要分两半部分焊接。从仰位中心开始，逐渐过渡到上平位中心结束。起焊处的焊透较难，其操作方法

与平位三通相似。引弧时应拉长电弧，预热 3～5s，然后压低电弧用击穿法熔透焊缝根部，并要注意掌握焊缝宽度一致。

④ 仰位三通管 仰位三通管的焊缝是仰角焊、坡仰焊和立焊、横焊的组合，要分为四段焊完。从仰角处开始，操作与立位焊一样，底层采用直线灭弧法运条；中间层和盖面层采用锯齿形运条。在主管的中心部位难以焊透，要特别注意内壁的熔合。

（5）固定管板的焊接操作

固定管板接头是各种容器接管的结构中最常用的接头形式，如图 2-60 所示。

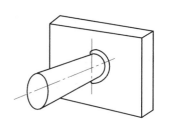

图 2-60 固定管板焊缝位置示意

① 打底层焊接 采用直径 3.2mm 焊条，电流 90～105A，操作时，分为左侧和右侧两部分。在一般情况下，先焊右侧。因为右侧手握焊钳时，便于观察仰位的焊接。

引弧时，在管子的 4 点位置，于管板夹角处向 6 点处以划擦法引弧。然后把电弧拉到 6 点至 7 点之间，进行 1～2s 的预热，再将电弧向右下方倾斜，其角度如图 2-61 所示。

然后，压低电弧，将焊条端部轻轻顶在管子与底板的夹角上，进行快速施焊。焊接时，须使管子与管板充分熔合。同时，焊层要尽量薄些，以利于与左侧焊道接头平齐。

在 6→5 点处，采用斜锯齿形运条，以避免焊瘤产生。焊条端部摆动的倾斜角度是逐渐变化的，在 6 点位置时，焊条摆动的轨迹与水平线呈 30°夹角；当焊至 5 点时，夹角为 0°，如图 2-62 所示。运条时，向斜下方动作要快，到底板面（即熔池斜下方）时要稍作停留；

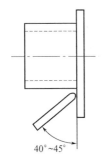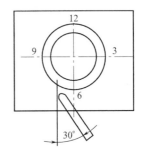

图 2-61 右侧焊条的倾斜角度示意

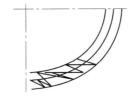

图 2-62 6～5 点处运条法示意

向斜上方摆动相对要慢，到管壁处再稍作停留，使电弧在管壁一侧的停留时间比在底板一侧要长些。其目的是增加管壁侧的焊脚高度。运条过程中，始终保持短弧，以便在电弧吹力作用下，能托住下坠的熔池金属。

5→2 点位置，为控制熔池温度和形状，使焊缝成形良好，应用间断熄弧法施焊。间断熄弧法的操作要领是：当熔敷金属将熔池填充得很满，使熔池形状变长时，握焊钳的手腕迅速向上摆动，抬起焊条端部熄弧，待熔池中的液态金属将要凝固时，焊条端部迅速靠近弧坑，引燃电弧再将熔池填满。如此，引弧、熄弧不断进行。每熄弧一次的前进距离均为 1.5～2mm。

在进行间断熄弧焊时，如熔池产生下坠，可转为横向摆动以增加电弧在两侧的停留时间，使熔池横向面积加大，把熔敷金属均匀分散在熔池上。

2→12 点位置，为防止因熔池金属在管壁一侧的聚集，而造成低焊脚或咬边，应将焊条端部偏向底板一侧，按图 2-63 所示方法，做短弧斜锯齿形运条，并使电弧在斜底板侧停留时间长些。如果采用间断熄弧法时，在 2～4 次运条摆动之后，熄弧一次。当施焊至 12 点位置时，以间断灭弧法，填满弧坑后收弧。右侧焊缝的形状及左侧接头如图 2-64 所示。

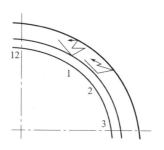

图 2-63 2→12 点处运条示意

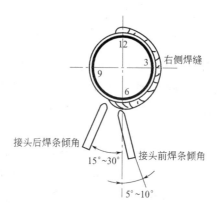

图 2-64 右侧焊缝与左侧接头示意

左侧焊前，要把右侧始端起头处及终端的熔渣清除干净。如果 6→7 点处焊道过高或有焊瘤，必须进行修磨清除。

焊道的接头，由 8 点处向右下方以划擦法引弧，将引燃的电弧移到右侧焊缝的始端，即 6 点处。进行 1～2s 的预热，然后压低电弧，以快速小锯齿形运条，由 6 点向 7 点进行焊接，焊道不要过厚。

当左侧焊道于 12 点处与右焊道相接时，须以跳弧法或间断熄弧法施焊。弧坑填满后方可熄灭电弧。左侧各部位的焊接，与左侧相同。

②　盖面层　焊接时，采用直径 3.2mm 焊条，电流 100～115A。操作时也分左右焊两个过程。一般先焊右侧，后焊左侧。施焊前，把打底层的焊渣、飞溅清理干净。由 4 点处焊道表面以划擦法引弧。引燃电弧后，迅速将电弧移到 6 点至 7 点之间，进行 1～2s 的预热，电弧长度保持在 5～10mm。然后将电弧向左下方倾斜，其角度如图 2-65 所示。

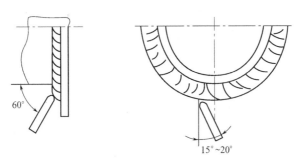

图 2-65　右侧盖面层焊接的焊条角度示意

然后，将焊条端部顶在 6 点至 7 点之间的打底层焊道上，以直线运条施焊。焊道要薄，以利于与左侧焊道连接平齐。

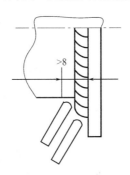

图 2-66　右侧盖面层焊条摆动的距离示意

9→5点位置焊接，用斜锯齿形运条，其操作方法和打底层相同。运条时由斜下方管壁侧的摆动要慢，以利于焊脚增高；向斜上方移动相对快些，防止产生焊瘤。在摆动过程中，电弧在管壁侧停留时间比管板侧要长一些，这样，才能有较多的填充金属聚集于管壁侧，从而使焊脚得以增高。为保证焊脚高度达到8mm，焊条摆动到管壁一侧时，焊条端部距底板表面应是8～10mm，如图2-66所示。

当焊条摆动到熔池中间时，应使其端部尽可能离熔池近一些，以利于电弧吹力托住因重力作用而下坠的液体金属，且可防止焊瘤产生，使焊道边缘熔合良好，成形美观。在施焊过程中，如发现熔池金属下坠或管子边缘未熔合现象时，可增加电弧在焊道边缘的停留时间，（特别是要增加电弧在管壁侧的停留时间），增加焊条的摆动速度。当采取上述方法仍不能控制熔池的温度和形状时，须采用间断熄弧法。

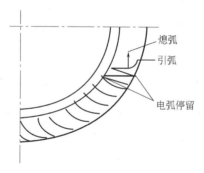

熄弧
引弧
电弧停留

图2-67 右侧表面层间断熄弧法示意

5→2点焊接时，由于此处温度局部升高，电弧吹力不但起不到上托熔敷金属的作用，而且还容易促使熔敷金属下坠。因此，只能采用间断熄弧法，即当熔敷金属将熔池填充得十分满并欲下坠时，跳起电弧熄灭。待熔池将要凝固时，迅速在其前方15mm的焊道边缘上引弧。切不可在直接在弧坑上引弧，以免因电弧的不稳定产生密集气孔。再将电弧引到底板侧的焊道边缘上停留片刻；当熔池金属覆盖在被电弧吹成陷坑时，将电弧下偏5°，并通过熔池向管壁侧移动，使其在管壁侧停留。当熔池金属将前弧坑覆盖 2/3 以上时，迅速将电弧移到熔池中间熄弧。间断熄弧法如图 2-67 所示。

在一般情况下，熄弧时间为 1～2s；燃弧时间为 2～4s，相邻熔池重叠间距（即每熄弧一次，熔池前进距离）为 1～1.5mm。

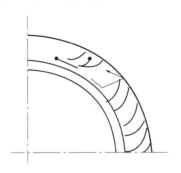

图 2-68 右侧表面层间断熄弧法焊条摆动示意

2→12 点的位置，类似平角焊接的位置。由于熔敷金属在重力作用下容易向熔池低处聚集，而处于焊道上方的底板侧，又容易被电弧吹出陷坑，难以达到所要求的焊脚高度（8mm）。为此，宜用由左向右运条的间断熄弧法，即焊条的端部在距原熔池 10mm 处的管壁侧引弧。然后，将其缓慢移至熔池下侧停留片刻，待形成新熔池后，再通过熔池将电弧移到熔池的斜上方，以短弧填满熔池。施焊过程中，可摆动 2～3 次再熄弧 1 次，但焊条摆动时，向斜上方要慢，向下方时要快，在此位置的焊条摆动路线如图 2-68 所示。

在施焊过程中，更换焊条的动作要快，再引弧后，焊条倾角要比正常焊接时多向下倾 10°～15°，并比第一次燃弧时间长一些。

左侧焊时，先将右侧焊的始、末端熔渣清除干净，如接头处有焊瘤或焊道过高，需修磨平整。焊道的始端连接，由 8 点处开始，以划擦法引弧后，将引燃的电弧拉到右侧焊缝始端，进行 1～2s 的预热，然后压低电弧。焊条倾角与焊接方向相反，如图 2-69 所示。

6→7 点处采用直线运条，逐渐加大摆动幅度。摆动时的焊条角度和速度，应与右侧相一致，以得到一样高度的焊道。

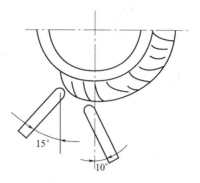

图 2-69　焊条倾角与焊接方向示意

第3章

气焊与气割

气焊是利用可燃气体与助燃气体混合燃烧所放出的热能作为热源,进行金属焊接的一种方法。因为氧气与乙炔混合时,燃烧产生的温度较高,可达3000℃以上,所以是使用最广泛的一种气体。生产中常用气焊方法来焊接碳钢、合金钢、有色金属的薄板及小直径管子等。

气焊设备简单,不需用电源,操作方便,应用比较广泛。但与电弧焊相比较,气焊的火焰温度低,热量不集中,生产效率低,焊件变形大,接头的热影响区宽,焊接质量也较差。

气焊是一种手工操作方法,焊接质量很大程度上取决于焊工的操作技术水平,为适应气焊、气割操作要求,焊工必须刻苦练习,提高操作技术水平。

 气焊与气割设备及工具

3.1.1 氧气瓶

氧气瓶是储运氧气的高压容器,工作压力15MPa,容积40L,氧气瓶的构造如图3-1所示。

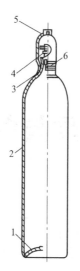

图 3-1　氧气瓶的构造

1—瓶底；2—瓶体；3—瓶箍；4—瓶阀；5—瓶帽；6—瓶头

（1）瓶体

氧气瓶是采用合金钢经热挤压制成的圆筒形无缝容器。瓶体外表面涂以天蓝色油漆，并用黑色写上"氧气"两字。

（2）瓶阀

瓶阀是控制瓶内氧气进出的阀门。目前多采用活瓣式瓶阀。这种瓶阀使用方便，可用扳手直接开启。使用时，向逆时针方向旋转为开启；向顺时针方向旋转为关闭。

活瓣式氧气瓶阀如图 3-2 所示。

3.1.2　减压器

减压器是把储存在氧气瓶内的高压氧气体，减压为工作需要的低压气体的调节装置。同时，减压器还起着稳定压力的作用。如把气瓶内 150MPa 压力降至工作需要的 0.1～0.3MPa 工作压力，而且，当气瓶内压力降低后，仍能保持这一工作压力，不会因瓶内压力的降低而下降。

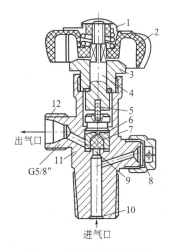

出气口

G5/8″

进气口

图 3-2　活瓣式氧气瓶阀

1—弹簧压帽；2—手轮；3—压紧螺母；4—阀杆；5—开关板；6—活门；

7—密封垫料；8—安全膜；9—阀座；10—进气口；11—阀体；12—侧接头

（1）减压器的构造和性能

减压器有单级式和双级式等。经常使用的是 QD-1 型单级反作用式。这种减压器输出的氧气压力受瓶内压力影响较小，是目前应用最广泛的一种。QD-1 型单级反作用式减压器的结构如图 3-3 所示。其主要技术数据列于表 3-1。

（2）减压器的使用

① 安装减压器前，先放出少量氧气，吹去瓶口及附近脏物，随后立即将气瓶关闭。

② 将减压器的螺母对准氧气瓶嘴，至少应拧紧 4 扣以上。如发现瓶嘴漏气，应将减压器卸下，更换新垫后再将瓶嘴上紧。

③ 检查各接头是否拧紧，减压器出气孔与氧气管接头处必须用金属丝或夹头拧紧，防止送气后胶管脱落。

④ 打开氧气阀时要缓慢开启，不要用力过猛，以防止气体压力过高损坏减压器及压力表。

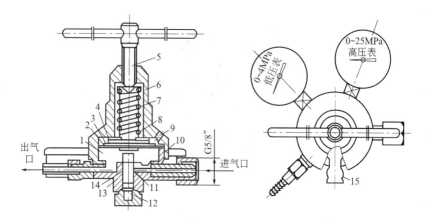

图 3-3　QD-1 型单级反作用式减压器的构造

1—低压气室；2—耐油橡胶垫片；3—薄膜；4—弹簧垫；5—调压螺钉；

6—罩壳；7—调压弹簧；8—螺钉；9—活门顶杆；10—本体；11—高压气室；

12—副弹簧；13—减压活门；14—活门座；15—安全阀

表 3-1　单级反作用式减压器的主要技术数据

减压器型号	QD-1	QD-2A	QD-3A
进气口最高压力/MPa	15	15	15
最高工作压力/MPa	2.5	1.0	0.2
压力调节范围/MPa	0.1~2.5	0.1~2.0	0.01~0.2
最大放气能力/(m³/h)	80	40	10
出气口孔径/mm	8	5	2
压力表规格/MPa	0~25;0~4	0~25;0~1.6	0~25;0~0.4
安全阀泄气压力/MPa	2.9~3.9	1.15~1.9	—
进口连接螺纹	G5/8″	G5/8″	G5/8″
质量/kg	4	2	2
外形尺寸/mm	200×200×210	165×170×160	165×170×160

⑤ 减压器上不得附有油脂。如有油脂时，应擦洗干净后再使用。

⑥ 停止工作时，应先松开减压器的调节螺钉，再关闭瓶阀。

⑦ 压力表必须定期校验，以确保准确。

（3）减压器的常见故障排除

减压器常见故障排除方法见表 3-2。

表 3-2　减压器常见故障排除方法

故　障　特　征	排　除　方　法
减压器与氧气瓶连接处漏气	把螺母扳紧,调换垫圈
安全阀漏气	调整弹簧或更换活门垫料
减压器罩壳漏气	拆开更换膜片
调节螺钉松开但低压表有上升的自流现象	去除活门附近污物,调换减压活门,调换副弹簧
工作中发现气体供不上和压力表指针有较大波动	用热水或蒸汽加热方法消除
高低压表指针不回到零位	修理或更换后再使用

3.1.3　乙炔气瓶

乙炔气瓶是储存和运输乙炔的一种载有填料的特制压力容器。

（1）使用乙炔瓶的优点

① 纯度高，不含水分，杂质含量低；

② 压力高，能保持气焊、气割的火焰稳定；

③ 设备轻便，工作比较安全，便于保持工作场地清洁。

（2）乙炔瓶的构造

乙炔瓶外形与氧气瓶相近，表面涂以白色，并用红油漆写上"乙炔"字样。

乙炔瓶内装有浸入丙酮的多孔性填料，使乙炔能安全地储存在瓶内。乙炔瓶的构造，如图 3-4 所示。

当使用时，溶解在丙酮内的乙炔分离出来，通过乙炔瓶阀流出，而丙酮仍留在瓶内，以便再次充入乙炔气。

乙炔瓶阀下面的填料中心部位的长孔放有石棉，它能促进乙炔与填料的分离。

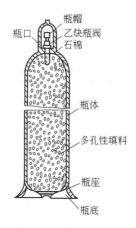

图 3-4　乙炔瓶的构造

　　乙炔瓶阀是控制乙炔进出的阀门，主要由阀体、阀杆、压紧螺母、活门以及填料等部分组成，如图 3-5 所示。

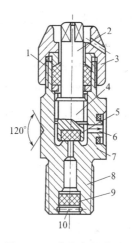

图 3-5　乙炔瓶阀的构造

1—防漏垫圈；2—阀杆；3—压紧螺母；4—活门；5—密封填料；

6—出气孔；7—阀体；8—锥形尾；9—过滤件；10—进气孔

　　乙炔瓶阀与氧气瓶阀不同，它没有旋转手柄，活门的开启和关闭是利用方孔套筒扳手转动阀杆上端的方形头，使嵌有尼龙1010密封填料的活门向上（或向下）移动来达到的。当方孔套筒扳手逆时针方向旋转时，活门向上移动开启乙炔瓶阀；顺时针方向旋转时，关闭乙炔瓶阀。

由于乙炔瓶的阀体侧没有连接减压器的接头，因此必须使用带有夹环的乙炔减压器。其外形如图3-6所示。

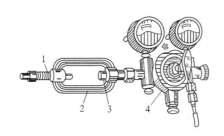

图3-6　带夹环的乙炔减压器外形
1—紧固螺钉；2—夹环；3—连接管；4—乙炔减压器

乙炔减压器的作用，是将瓶内的高压乙炔减压到较低的工作压力后输出。乙炔减压器外壳涂白色，压力表上有最大许用工作压力红线，以便使用时严格控制。当转动紧固螺钉时，就能使乙炔减压器的连接管压紧在乙炔瓶的出气口上，使乙炔气供给焊、割使用。

（3）乙炔瓶使用注意事项

由于乙炔是易燃、易爆的危险气体，所以在使用时必须谨慎，除必须遵守气瓶各项使用要求外，还应遵守以下几点：

① 乙炔瓶不能受剧烈震动或撞击，以免瓶内多孔填料下沉而形成空洞，影响乙炔的储存。

② 乙炔瓶在工作时，应直立放置，避免乙炔流出来。

③ 乙炔瓶体的温度不应超过30~40℃，因为乙炔瓶温度过高，会降低丙酮对乙炔的溶解度而使瓶内压力急剧升高。

④ 乙炔瓶阀与乙炔减压器的连接必须可靠，严禁在漏气的情况

下使用。

⑤ 使用乙炔瓶时，不可把瓶内的乙炔气全部用完，最后应留有0.05～0.1MPa压力的乙炔气。

3.1.4　焊炬

焊炬又称为焊枪，是气焊时用以控制气体混合比、流量及火焰，并进行焊接的工具。焊炬的作用是将可燃气体和氧气按一定比例混合，并以一定速度喷射燃烧，形成一定能量火焰的工具。所以，焊接质量好坏，在很大程度上取决于焊炬性能和火焰质量的好坏。目前，国产的气焊炬，大多为射吸式焊炬。常用的国产射吸式焊炬型号及主要技术数据见表3-3。

表 3-3　常用国产射吸式焊炬型号及主要技术数据

焊炬型号	焊嘴号	焊嘴孔径/mm	焊接范围/mm	气体压力/MPa		气体耗量	
				氧气	乙炔	氧气/(m³/h)	乙炔/(L/h)
H01-2	1	0.5	0.5～0.7	0.10	0.001～0.01	0.033	40
	2	0.5	0.7～1.0	0.125		0.046	55
	3	0.7	1.0～1.2	0.15		0.065	80
	4	0.8	1.2～1.5	0.175	0.01～0.1	0.10	120
	5	0.9	1.5～2.0	0.20		0.15	170
H01-6	1	0.9	1.0～2.0	0.20	0.001～0.10	0.15	170
	2	1.0	2.0～3.0	0.25		0.20	240
	3	1.1	3.0～4.0	0.30		0.24	280
	4	1.2	4.0～5.0	0.35		0.28	330
	5	1.3	5.0～6.0	0.40		0.37	430

（1）射吸式焊炬的构造和工作原理

射吸式焊炬主要由主体、乙炔调节阀、氧气调节阀、喷嘴、射吸管、混合管、焊嘴等部分组成如图3-7所示。

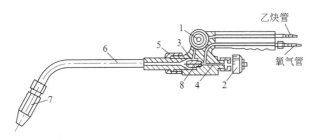

图 3-7　射吸式焊炬的结构型式

1—乙炔阀门；2—氧气阀门；3—环形乙炔室；4—氧气射流针；

5—射吸管；6—混合气管；7—焊嘴；8—射流孔座

　　射吸式焊炬的工作原理：逆时针方向开启乙炔调节阀，乙炔聚集在喷嘴的外围，并单独通过射吸式混合气道，由喷嘴喷出，但压力很低。当逆时针方向旋转氧气调节阀时，阀针向后移动，尖端与喷嘴离开，且留有一定间隙。此时，氧气即从喷嘴喷出，将聚集在喷嘴外围的低压乙炔吸出。氧气与乙炔按一定比例混合，经射吸管从焊管喷出。

　　射吸式焊炬就是利用喷嘴的射吸作用，使高压氧气与低压乙炔均匀地按一定比例混合，以高速喷出，从而保证了气焊正常工作的进行。

　　（2）焊炬的正确使用

　　① 根据焊件的厚度选用合适的焊炬及焊嘴，并组装好。焊炬的氧气管接头必须接牢固。乙炔管不要接得太紧，以不漏气又容易插上拉下为准。

　　② 焊炬使用前要检查射吸情况。先接上氧气胶管，但不接乙炔管，打开氧气和乙炔阀门，用手指按在乙炔进气管的接头上，如手指上感到有吸力，说明射吸能力正常，如没有吸力则不能使用。

　　③ 检查焊炬的射吸能力后，把乙炔的进气胶管接上，同时把乙炔管接好，检查各部位有无漏气现象。

　　④ 检查合格后才能点火，点火后要随即调整火焰的大小和形状。

如果火焰不长，或有灭火现象时，应检查焊炬通道及焊嘴有无漏气与堵塞。大多数情况下，灭火是由于乙炔压力过低或通路有空气等。

⑤ 严禁焊炬与油脂接触，不能戴有油的手套点火。

⑥ 焊嘴被飞溅物阻塞时，应将焊嘴卸下来，用通针从焊嘴内向外通，以清除脏物。

⑦ 当发生回火时，应迅速关闭氧气和乙炔阀门。

⑧ 焊炬不得受压，使用完毕或暂时不用，要放到合适的地方或挂起来，以免碰坏。

（3）气焊辅助工具及防护用品

气焊的辅助工具及防护用品有以下几种：

① 气焊眼镜　气焊眼镜是保护眼睛不受火焰亮光的刺激，在焊接过程中能够仔细观察熔池金属，又可防止飞溅物伤害眼睛。焊接时可根据金属材料的性质和操作者的视力，选用颜色深浅合适的眼镜。

② 通针　焊接过程中，火焰孔道常发生堵塞现象，这时需要用黄铜或钢丝磨成的锥形通针来清理孔道。清理时，通针和孔道必须在同一轴线上，不能有扭曲现象，否则，将会造成孔道磨损不均匀和产生划痕，使火焰偏斜。

③ 胶管　氧气和乙炔气是通过胶管输送到焊炬的，根据规定，氧气胶管应为红色，内径一般为 8mm，允许工作压力为 1.5MPa；乙炔胶管为绿色，常用内径为 10mm，允许工作压力为 0.5～1MPa。每种胶管只能用于规定的气体，不能相互替代。

④ 钢丝刷、手锤、锉刀等清理焊缝工具。

⑤ 扳手、钢丝钳等连接及开、关气路的工具。

⑥ 工作防护用品：　气焊、气割时要穿好工作服、戴上手套，以防烧伤。当焊接铅、铜等有色金属时，会产生有害气体，应戴口罩。

（4）焊炬常见故障及排除

焊炬常见的故障及排除方法见表3-4。

表 3-4 焊炬常见故障及排除方法

故　　障	产生原因	排除方法
放炮(即"叭叭"作响)和回火	(1)乙炔压力不足;乙炔瓶阀开启不足;乙炔接近用完;乙炔管受压 (2)焊嘴温度太高 (3)焊嘴堵塞 (4)焊嘴或各接头处密封不良	(1)检查乙炔管路 (2)将焊嘴放入水中冷却 (3)清理焊嘴 (4)检查并消除
阀门或焊嘴漏气	(1)焊嘴未拧紧 (2)压紧螺母松动或垫圈损坏	(1)拧紧 (2)更换
乙炔压力低,火焰调节不大	(1)导管被挤压或堵塞 (2)焊炬堵塞 (3)乙炔调节轮打滑	(1)吹净导管 (2)清理焊炬 (3)修理乙炔阀
焊嘴孔径扩成椭圆形	使用过久,焊嘴磨损或使用通针不当	用手锤轻砸焊嘴尖部,使孔径缩小,再按要求钻孔

 ## 3.2 氧-乙炔火焰

　　氧-乙炔火焰是指氧气与乙炔混合后，燃烧时所形成的火焰。氧-乙炔火焰是按氧气和乙炔气在混合室混合时的比例不同而划分的，混合后燃烧时的火焰形式，如图 3-8 所示。

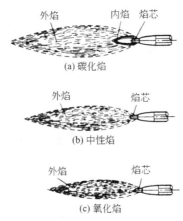

图 3-8 氧-乙炔火焰的种类、外形及结构

3.2.1 中性焰

当氧气和乙炔混合的比例为 1.1～1.2 时，称为中性焰，这种火焰适用于焊接一般碳钢和有色金属。

3.2.2 碳化焰

当氧气和乙炔混合的比例小于 1.1 时，称为中性焰。一般适用于焊接高碳钢、铸铁及硬质合金等。

3.2.3 氧化焰

氧气和乙炔混合的比例大于 1.2 时，称为氧化焰。适用于焊接黄铜、锰钢等金属材料。

 3.3 焊丝与焊剂

3.3.1 焊丝

焊丝是气焊时作为填充材料的金属丝。焊丝的化学成分直接影响焊缝的质量和力学性能，因此，正确选用焊丝是非常重要的。

焊接低碳钢时，常用的焊丝牌号有：H08、H08Mn 和 H08MnA 等。气焊焊丝的直径一般为 2～4mm。

焊丝直径是根据焊件的厚度决定的，所以焊件厚度应与焊丝直径相适应，不宜相差太大。如果焊丝直径比焊件厚度小得多，则焊接时往往会发生焊件不熔化，而焊丝已经熔化并有下滴现象，造成熔合不良；相反，如果焊丝比焊件厚度大得多，为了熔化焊丝，就必须较长时间的加热，从而使焊件热影响区增大，降低焊接接头质量。

焊丝直径与焊件厚度的关系见表 3-5。

表 3-5 焊丝直径与焊件厚度的关系　　　　　　mm

焊件厚度	0.5~2	2~4	3~5	5~10
焊丝直径	1~2	2~3	3~4	3~5

焊丝使用前，应清除表面上的油脂和铁锈。每盘焊丝都应有型号、牌号标记，不能使用无标记的焊丝来焊接工件。

3.3.2 气焊熔剂

气焊熔剂是气焊时的助熔剂，其作用是保护熔池，以减少空气的侵入；去除气焊时熔池中的氧化物杂质；增加熔池金属的流动性。

气焊熔剂可预先涂在焊件的待焊处或焊丝上，也可以在气焊过程中，将高温的焊丝端部在装有焊剂的器皿中蘸上焊剂，再添加到熔池中。

气焊熔剂主要用于铸铁、合金钢及有色金属的气焊，低碳钢气焊时不必使用。根据被焊金属在焊接熔池中形成的氧化物性质，来选择不同的气焊熔剂。如果熔池所形成的是碱性氧化物，可采用酸性气焊熔剂；如果熔池所形成的是酸性氧化物，则选用碱性气焊熔剂。酸性气焊熔剂有硼砂、硼酸、二氧化硅等，主要用于焊接铜及铜合金、合金钢等材料；碱性气焊熔剂有碳酸钾、碳酸钠等，主要用于焊接铸铁。盐类气焊熔剂氯化钾、氯化钠、氟化钠以及硫酸氢钠等，主要用于焊接铝及铝合金。几种常用国产气焊熔剂牌号及用途见表 3-6。

表 3-6 常用国产气焊熔剂牌号及用途

牌号	基 本 性 能	适应范围
气剂 101	熔点 900℃，有良好的润湿性，能防止熔化金属氧化，熔渣容易清除	不锈钢、耐热钢
气剂 201	熔点 650℃，呈碱性，富潮解性，能有效地除去铸铁焊接中产生的硅酸盐和氧化物	铸铁
气剂 301	熔点 650℃，呈酸性，易潮解，能有效地熔解氧化亚铜	铜及铜合金
气剂 401	熔点 560℃，呈碱性，能破坏氧化铝膜，富潮解性，在空气中能引起铝的腐蚀，焊后必须用热水清除	铝及铝合金

3.4 气焊接头形式和坡口形式

3.4.1 焊接接头

两块焊件的连接部分称为焊接接头。常用的气焊接头形式有：对接接头、T 形接头、角接接头、搭接接头、卷边接头等，如表 3-7 所示。

表 3-7 常用气焊接头形式和坡口形式

接头形式	坡口形式	形 状 简 图
对接接头	I 形	
	V 形	
	X 形	
	U 形	
角接接头	无坡口	
	单 V 形坡口	

接头形式	坡口形式	形 状 简 图
T 形接头	无坡口	
	V 形坡口	
	K 形坡口	
搭接接头	—	
卷边接头	—	

对接接头是两焊件的端面相平行连接的接头；T 形接头是一焊件的端面与另一焊件的表面构成直角或近似直角的接头；角接接头是两焊件端面间构成的大于 30°、小于 135°夹角的接头；搭接接头是两焊件部分重叠构成的接头；卷边接头是焊件端部预先翻卷的接头。

3.4.2 坡口形式

坡口是在焊件的待焊部位，加工成具有一定形状的沟。常用的坡口形式有 I 形、V 形、X 形、U 形、K 形等，见表 3-7。

开坡口的目的是保证在施焊过程中，焊件全部厚度内均能充分焊透，以形成牢固的接头。坡口底部的直边称为钝边，其作用是防止焊件烧穿。

气焊的接头主要采用对接接头。角接接头和卷边接头只在焊接板状焊件时采用，一般不采用搭接接头和 I 形接头，因为这些接头会使焊件产生较大的焊接变形。当焊件厚度超过 5mm 时，必须开坡口焊接。

 ## *3.5* 气焊工艺参数

焊接时，为了保证焊接质量而选定的各物理量，称为焊接工艺参数。气焊的工艺参数包括以下几项。

3.5.1 火焰性质

气焊火焰的性质，对于焊接质量有很大影响。当混合气体内乙炔量大时，会引起焊缝金属渗碳，使焊缝硬度和脆性增加，同时还会产生气孔等缺陷；混合气体内氧气量过多时，会引起焊缝金属的氧化而出现脆性，使焊缝金属的强度和塑性降低。火焰的性质可参照表 3-8 选择。

表 3-8 各种材料气焊火焰性质的选择

焊件金属	火焰性质	焊件金属	火焰性质
低、中碳钢	中性焰	锰钢	氧化焰
低合金钢	中性焰	镀锌铁皮	氧化焰
紫铜	中性焰	高碳钢	碳化焰
铝及铝合金	中性焰或轻微碳化焰	硬质合金	碳化焰
铅、锡	中性焰	高速钢	碳化焰
青铜	中性焰	铸铁	碳化焰
不锈钢	中性焰或轻微碳化焰	镍	碳化焰
黄铜	氧化焰		

3.5.2 火焰能率

火焰能率是以每小时可燃气体的消耗量（L/h）来表示的。火焰能率应根据焊件厚度、熔点和导热性来选择。焊件金属的厚度越大，焊接时选择的火焰能率就应越大。火焰能率的大小还取决于焊嘴的大小。焊嘴号越大，火焰能率也就越大。通常，为了提高生产率，在保证焊接质量的前提下，尽量采用较大号的焊嘴，这样也便于在焊接过程中随时调节火焰能率。

3.5.3 焊嘴倾斜角度

焊嘴倾斜角度（倾角或焊炬倾角）是指焊嘴与焊件间的夹角。其大小取决于焊件的厚度和材料的熔点及导热性。焊件越厚，导热性越强及熔点越高，焊炬的倾斜角度越大，以使火焰的热量集中；相反，应采用较小的倾斜角度。焊接碳钢时，焊嘴倾角与焊件厚度的关系如图 3-9 所示。

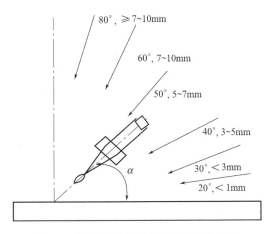

图 3-9 焊嘴倾斜角度与焊件厚度的关系

在焊接过程中，焊嘴的倾斜角度是不断变化的，开始时，焊件是冷态，为了使焊件充分受热，尽快形成熔池，焊嘴的倾斜角度应大些，有时可达到 80°～90°。熔池形成后，要迅速改变为正常焊接；当焊缝收尾时，焊件接头附近的温度已经很高了，为了不使焊缝收尾处过热，焊嘴倾斜角度要渐渐减小。

3.5.4　焊接速度

　　焊接速度即单位时间内完成焊道的长度。焊接速度直接影响生产效率和产品质量，根据不同产品，必须选择正确的焊接速度。如果焊接速度太快，则焊缝熔化情况不好；焊接速度太慢，焊件受热过大，也会降低焊接质量。

　　焊接速度由焊工根据操作熟练程度自己掌握，在保证质量的前提下，应尽量提高焊接速度，以提高生产率。

3.6　气焊火焰的点燃、调节和熄灭

3.6.1　操作要领

　　焊炬的握法是右手持焊炬，将拇指位于乙炔开关处，食指位于氧气开关处，以便于随时调节气体流量，用其他三指握住焊炬柄。

3.6.2　火焰的点燃

　　先逆时针方向旋转乙炔开关，放出乙炔气，再逆时针微开氧气开关，然后将焊嘴靠近火源点火。开始练习时，可能出现连续放炮声，原因是乙炔不纯，这时，应放出不纯的乙炔气，然后重新点火。有时会出现不易点燃现象，原因大多数是氧气量过大，这时应微关氧气开关。

　　点火时，拿火源的手不要正对焊嘴，也不要将焊嘴对着他人，以防烧伤。

3.6.3　火焰的调节

　　开始点燃的火焰多为碳化焰，如要调节成中性焰，则应渐渐增加氧气供给量，直至火焰的内焰与外焰没有明显界限时，即为中性焰。

如果再继续增加氧气或减小乙炔，就得到氧化焰；增加乙炔或减少氧气，则可得到碳化焰。

通过同时调节氧气和乙炔的流量大小，可得到不同的火焰能率。调整的方法是：若要减小火焰能率时，应先减小氧气，后减小乙炔；若要增大火焰能率，应先增加乙炔，后增加氧气。

3.6.4　火焰的熄灭

焊接工作结束后，或中途停止时，必须熄灭火焰。正确的熄灭火焰方法是：先顺时针方向旋转乙炔阀门，直至关闭乙炔，再顺时针方向旋转氧气阀门，关闭氧气。这样，可以避免出现黑烟。此外，关闭阀门以不漏气即可，不要关得太紧，以防止损坏过快，降低焊炬使用寿命。

3.7　气焊基本操作方法

3.7.1　平敷焊练习

焊前，要对焊件进行清理，将焊件表面的氧化皮、铁锈、油污、脏物等，用钢丝刷子或角向磨光机打磨干净，使焊件露出金属光泽。

（1）焊道的起头

焊接采用中性焰、左向焊法，即将焊炬由右向左移动，使火焰指向待焊部位。填充焊丝的端头位于火焰下方，距焰芯 3mm 左右，如图 3-10 所示。

在起焊点处，由于刚开始加热，焊件温度较低，焊炬的倾角应大些，这样有利于对焊件进行预热。同时，在起焊处应使火焰往复运动，保证焊接处加热均匀。在熔池形成前，操作者不但要密切注意观察熔池的形成，而且焊丝端部要置于火焰中进行预热，待焊件由红色熔化成白亮而清晰的熔池，便可熔化焊丝。将焊丝熔滴送入熔池，而

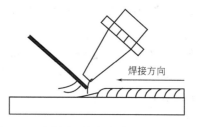

图 3-10 左焊法时焊炬与焊丝端头的位置

后立即再将焊丝抬起，火焰向前移动，形成新的熔池。

为获得整齐美观的焊缝，在整个焊接过程中，应使熔池的形状和大小保持一致。常见的熔池形状如图 3-11 所示。

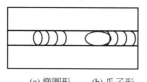

(a)椭圆形 (b)瓜子形   (c)扁圆形 (d)尖长圆形

图 3-11 几种熔池的形状示意

（2）焊炬和焊丝的运动

为获得优质的焊缝，焊炬和焊丝应做均匀协调的摆动，既能使焊缝边缘良好熔透，并控制液体金属的流动，使焊缝成形良好，同时又不致使焊缝产生过热现象。

焊炬和焊丝的运动包括三个动作：沿焊件接缝的纵向运动，以便不间断地熔化焊件和焊丝，形成焊缝；焊炬沿焊缝做横向摆动，以充分加热焊件，并借助混合气体的冲击力，将液体金属搅拌均匀，使熔渣浮起，以得到致密的焊缝；焊丝向焊缝垂直方向送进，并做上下运动，以调节熔池热量和焊丝填充量。

焊炬和焊丝在操作时的摆动方法和幅度，要根据焊件材料的性质、焊缝位置、接头形式及板厚等情况进行选择。焊炬和焊丝的摆动方法如图 3-12 所示。

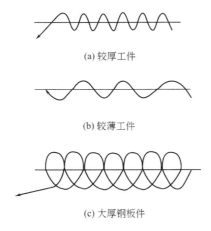

(a) 较厚工件

(b) 较薄工件

(c) 大厚钢板件

图 3-12 焊炬和焊丝的摆动方法

（3）焊道接头

在焊接过程中，当中途停顿后继续施焊时，应用火焰把原来熔池重新加热熔化，形成新的熔池后再加入焊丝，重新开始焊接，每次续焊应与前焊道重叠 5～10mm，重叠焊道要少加或不加焊丝，才能保证焊道的高度合适，达到接头处圆滑过渡。

（4）焊道的收尾

当焊到焊道的终点时，由于焊件端部散热条件差，应减小焊炬的倾角。同时，要增加焊接速度和多加入一些焊丝，以防止熔池扩大，形成烧穿。收尾时，为了不使空气中的氧气和氮气侵入熔池，可用温度较低的外焰保护熔池，直至熔池填满，火焰才能缓慢离开熔池。

在焊接过程中，焊嘴的倾斜角度是在不断变化的。在预热阶段，为了较快地加热焊件，迅速形成熔池，采用的焊炬倾角应为 $50°$～$70°$；到正常焊接时，采用的焊炬倾角常为 $30°$～$50°$；在结尾时，采用的焊炬倾角应为 $20°$～$30°$，如图 3-13 所示。

（5）平行多道焊练习要素

① 在焊件上做平行多道焊练习时，各条焊道的间隔至少为 20mm。

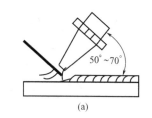

(a)

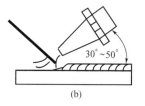

(b)

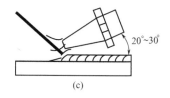

(c)

图 3-13　焊嘴倾斜角度在焊接过程中的变化

② 在练习过程中，焊炬和焊丝的移动要配合好，焊道的宽度必须均匀、整齐，表面的波纹应有规则，没有焊瘤、气孔等缺陷。

③ 焊缝边缘要与母材圆滑过渡。

④ 用左焊法练习，焊道达到要求后，可进行右焊法练习，直到达到操作技能熟练、焊道笔直、成形美观为止。

3.7.2　平对接焊

（1）操作准备

① 设备与工具　氧气瓶、乙炔瓶、射吸式焊炬。

② 辅助器具　气焊眼镜、通针、打火机、工作服、手套、小锤、钢丝钳子等。

③ 焊件材料　低碳钢板，厚度 1mm，长度 200mm，宽度 100mm。

（2）操作要领

将钢板水平放置在耐火砖上（目的是不让热量散走），为使背面焊透，须留出约 0.5mm 的间隙。

① 定位焊　其作用是装配和固定焊件接头的位置。定位焊缝的

长度和间距，视焊件的厚度和长度而定，焊件越薄，定位焊缝的长度和间距越小；反之，则应越大。焊件较薄时，定位焊缝可由焊件中间开始，向两头进行点焊，如图 3-14（a）所示。定位焊缝的长度约为5～7mm，间隔 50～100mm。焊件较厚时，定位焊由两边开始，向中间进行，定位焊缝的长度约为 20～30mm，间隔 200～300mm，如图 3-14（b）所示。

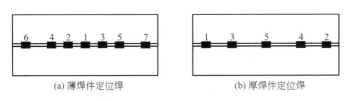

(a) 薄焊件定位焊　　　　　　　(b) 厚焊件定位焊

图 3-14　焊件定位焊的顺序示意

定位焊点的横截面厚度由焊件板厚来决定，随厚度的增加而增大。定位焊点不宜过长，更不能过宽或过高，但要保证熔透，以免正式焊接时出现高低不平、宽窄不一和熔合不良等缺陷。定位焊缝的截面形状如图 3-15 所示。

(a) 良好　　　　　　　　　　(b) 不好

图 3-15　定位焊缝的截面形状要求

定位焊后，为了防止变形，并使焊缝背面焊透。可采用焊件预先反变形法，将焊件沿焊缝向下折成 100°左右，然后用木槌将焊件的焊缝处校正平齐，如图 3-16 所示。

② 焊接　从接缝的一端预留 30mm 处开始施焊，其目的是使焊缝处于板内，传热面积大，基体金属熔化时，温度已经升高，冷却时不容易出现裂纹。施焊到终点，整个板材温度已升高，此时再焊预留的一段焊缝。接头应重叠 5mm 左右，如图 3-17 所示。

采用左焊法时，焊接速度要随焊件熔化情况而变化，焊接采用中性焰，并对准焊缝的中心线，使焊缝的两边缘熔合均匀，背面焊缝根

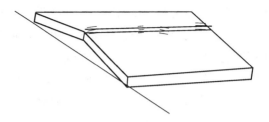

图 3-16 焊件预先反变形法示意

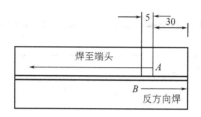

图 3-17 起焊点的确定

部熔合均匀。焊丝位于焰芯前下方 2～4mm 处，若在熔池边缘上被粘住，不要用力拔焊丝，可用火焰加热焊丝与焊件接触处，焊丝即可自然脱落。

在焊接过程中，焊炬和焊丝要做上下往复相对运动，其目的是调节熔池与焊缝熔化良好，并控制液体金属的流动，使焊缝成形美观。

在焊接过程中，如果发现熔池不清晰，有气泡、火花飞溅或熔池沸腾现象，原因是火焰性质变化，应及时将火焰调节为中性焰，然后再进行焊接。始终保持熔池的大小一致，才能焊出均匀的焊缝。

熔池的大小可通过改变焊嘴角度、高度和焊接速度来控制。如果发现熔池太小，焊丝不能与焊件熔合，仅敷在焊件表面，表明热量不足，应增大焊嘴倾角，减慢焊接速度；如发现熔池过大，且没有流动金属时，表明焊件被烧穿，此时应迅速提起火焰，加快焊接速度，减小焊嘴倾角，并多加焊丝。

如发现熔池金属被吹出或火焰发出"呼、呼"响声，说明气体流量过大，应立即调节火焰能率；当发现焊缝太高，与基体金属熔合不圆滑，说明火焰能率低，应增加火焰能率，减慢焊接速度。在焊件间隙大或焊件太薄的情况下，应将火焰的焰芯指在焊丝上，使焊丝阻挡一部分热量，防止接头处熔化过快。

焊接结束时，将焊接火焰缓慢提起，使焊缝熔池逐渐缩小。为了防止收尾时产生气孔、裂纹和熔池没填满等缺陷，可在收尾时多加一点焊丝。

（3）注意事项

① 定位焊产生缺陷时，必须铲除或打磨、修补，以保证质量。

② 焊缝不要过高、过低、过宽或过窄，保持尺寸一致。

③ 焊缝边缘与基体金属要圆滑过渡，无过深、过长的咬边。

④ 焊缝背面必须均匀焊透。

⑤ 焊缝不允许有粗大的焊瘤和熔坑。

⑥ 焊缝的平直度要好。

3.7.3　平角焊

（1）操作准备

① 设备与工具　氧气瓶、乙炔瓶、射吸式焊炬。

② 辅助器具　气焊眼镜、通针、打火机、工作服、手套、小锤、钢丝钳子等。

③ 练习焊件　低碳钢板，长 200mm，宽 50mm，厚度 1~5mm，每组 2 块。

（2）操作要领

① 外平角焊　在焊接 3mm 以下的焊件时，焊接火焰要平稳均匀地向前移动，一般不摆动。焊丝的一端在焊缝熔池内一下一下送进，不要点在熔池外边，以免粘住焊丝。在正常焊接过程中，焊丝向熔池的送进速度应是均匀的，如果速度不均匀，就会使焊缝金属高低不平、宽窄不一。外平角焊接操作方法如图 3-18 所示。

焊接时，发现熔池金属有下陷现象，送丝速度要加快。有时，仅加快送丝还不能解除下陷现象，这时就需要减小焊嘴的倾斜角度，并

(a) 焊前间隙　　1~2　　　　　　　　　　　(b) 焊后角度　90°

图 3-18　外平角焊操作方法示意

要上、下摆动，使火焰多接触焊丝，并加快焊接速度。特别是焊缝间隙过大时，在可能烧穿的情况下，更有必要这样操作。

造成熔池下陷、烧穿的原因是火焰能率太大，焊丝太细，焊接速度过慢或局部间隙较大等。

如果发现焊缝两侧温度低，焊缝熔池深度不够时，送丝的速度要慢一些，焊接速度也要慢些，或适当加大火焰能率，增大焊嘴倾角。

在焊接 4mm 以上的焊件时，焊嘴要做前、后轻微的摆动，焊丝也要一下一下地送进熔池，以供给充足的填充金属。

② 内平角焊　根据焊件的厚度掌握焊嘴的倾角。还要根据焊缝的位置来决定火焰偏向的角度。如两块金属板材厚度相同，底板的位置在水平面上时，焊嘴火焰偏向的角度，应离开水平面大一些；如果底板的位置在立面上，焊嘴火焰的角度应离开水平面小些，如图 3-19 所示。这样，在焊接过程中，使焊缝两边金属达到相同的温度。因为焊件的边缘比中间处传走的热量少，如果供给同样的热量，就会因两个焊件温度相差悬殊，使焊接不能顺利进行或影响焊接质量。

熔池要对称地存在于两个焊件的焊缝中间，不要有一面大一面小现象，形成熔池后焊嘴火焰要螺旋形摆动，均匀前移，并使焊丝与立面的夹角小些，挡住熔池上部立面的金属，以免熔池金属的上部温度过高而形成咬边。

焊接时，焊嘴火焰要螺旋形摆动的目的，是利用火焰吹力，把一

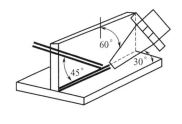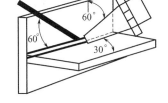

(a) 底板在水平面上　　　　　　　　　(b) 底板在立面上

图 3-19　内平角的操作方法示意

部分液体金属吹到熔池上部，使焊缝金属上下均匀。同时使上部液体金属温度很快降下来，快些凝固，以免流到下边，形成上薄下厚的不良现象，如图 3-20 所示。

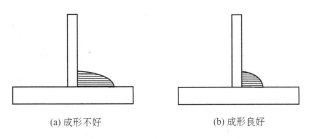

(a) 成形不好　　　　　　　　　　　(b) 成形良好

图 3-20　内平角焊缝的形状示意

3.7.4　管子对接焊

（1）操作准备

① 设备与工具　氧气瓶、乙炔瓶、射吸式焊炬。

② 辅助器具　气焊眼镜、通针、打火机、工作服、手套、小锤、钢丝钳子等。

③ 练习焊件　低碳钢管，相同壁厚各 2 根，壁厚 2～3mm，长度 100～150mm。

（2）操作要领

① 表面清理　为了防止焊缝金属产生夹渣、气孔等缺陷，焊前

应将焊件的被焊区及焊丝表面的油污、铁锈及氧化皮等清除干净。可用砂布、锉刀、钢丝刷子或角向磨光机等工具进行清理。

② 定位焊 定位焊缝必须焊透，不允许出现未熔合、气孔、裂纹等缺陷。

定位焊可根据接头的形状和管子的直径大小，采用不同的点焊数。如直径小于 70mm，可定位焊 2 点；直径为 100～300mm 时，定位 4～6 点；直径为 300～500mm 时，定位焊点需要 6～8 点，如图 3-21 所示。

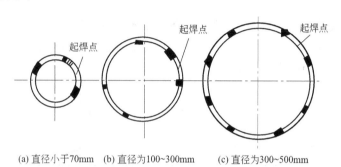

(a) 直径小于70mm (b) 直径为100~300mm (c) 直径为300~500mm

图 3-21 不同管径定位焊和起焊点

应该指出，不论管径大小，定位焊点一般均对称布置，另外，焊接时的起焊点都应在两定位焊点的中间。

定位焊是非常重要的一道工序，它直接影响到焊接质量。因此，在焊接操作时必须引起注意：定位焊采用与正式焊接相同的火焰性质，焊点的起头和结尾应圆滑过渡；开有坡口的焊前定位焊时，其高度不应超过焊件厚度的 1/2。

③ 校正 在实际生产中，校正是不可缺少的一道工序，它对焊接质量起很重要的作用。

小直径管子可在圆棒上校正；较大直径的管子应在平台或导轨上校正。手锤的工作面和圆棒、平台及导轨的表面，都应光滑，以免将管子压伤或拉伤。

④ 焊接 由于管子的工作条件不同，对焊缝质量要求也不相同，

对于受高压的管子焊接，要保证单面焊双面成形，以达到较高的耐压强度。对于工作压力低的管子焊接，一般只需要保证焊缝不漏，能达到一定的强度即可。

　　重要管子的焊接，当管子壁厚在 2.5mm 以下时，可不开坡口进行焊接，但必须留有一定的间隙，以利于焊透。管子壁厚大于 3mm 时，为了使焊缝熔透，须将管子开出 V 形坡口，同时留有钝边和间隙，钝边和间隙的大小要合适，如果钝边太大或间隙太小，容易造成焊不透或降低焊接接头强度；如果钝边太小或间隙太大，容易烧穿和产生焊瘤。一般，采用两层焊或多层焊，焊缝的余高不得超过 1～2mm，其宽度应盖过坡口边缘 1～2mm，并应均匀平滑地过渡到基体金属。管子对接的坡口尺寸和装配间隙见表 3-9。

表 3-9　管子对接的坡口尺寸和装配间隙　　　　mm

接头形式	壁厚	坡口角度	钝边	间隙
不开坡口对接	≤2.5	—	—	1.0～2.0
开坡口对接	2.5～4	60°～70°	0.5～1.5	1.5～2.0
	4～6	60°～80°	1.0～1.5	2.0～3.0
	6～10	60°～90°	1.0～2.0	2.0～3.0

　　管子的焊接方法，根据管子可转动和不可转动的情况有所不同。

　　a. 转动管子的焊接。由于管子可以自由转动，因此可控制在方便的水平位置进行施焊。

　　焊接方法是：将管子定位焊一点，从定位焊对称的位置开始起焊，中间不要停顿，直焊到与起焊点重合为止。另外还有一种方法是将管子分两次焊完，即由一点开始焊，两条焊道向相反方向前进，然后焊至相重叠为止，如图 3-22 所示。

　　对于壁厚且开有坡口的管子，应采用爬坡焊，即在半立焊位置施焊。因为管壁厚，加入熔池的填充金属多，加热时间长，若用平焊，难以得到较大的熔深，焊缝形状也不美观。

　　具体操作可用左焊法，也可用右焊法。用左焊法进行爬坡焊时，

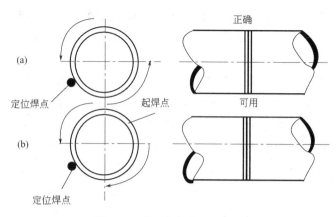

图 3-22　管子的焊接方法示意

将熔池控制在与管子水平中心线上方成 50°~70° 角度范围内进行焊接，这样可以加大熔透深度，控制熔池形状，使接头均匀熔透，同时使填充金属的熔滴自然流向熔池下部，焊缝成形快，且有利于控制焊缝的高度。

如果采用右焊法，火焰指向已经熔化的金属部分，为防止熔化金属被火焰吹走，或吹成焊瘤，熔池应控制在与垂直中心线成 10°~30° 角度范围内进行焊接，如图 3-23 所示。

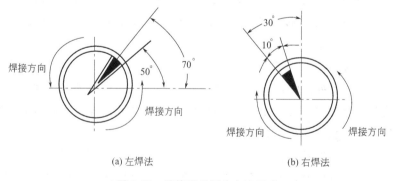

(a) 左焊法　　　　　　　　　　　　(b) 右焊法

图 3-23　壁管子的焊接方法示意

对于开坡口的管子，可分三层焊完。第一层焊嘴和管子表面的倾斜角度为 45°左右，火焰的焰芯末端距熔池 3～5mm。当看到坡口钝边熔化并形成熔池后，马上把焊丝送入熔池前沿，使之熔化填充熔池。焊嘴的移动方式为圆圈形，焊丝同时不断向前一起移动，焊件的底部一定要焊透。

第二层焊接时，焊嘴适当做横向运动。

第三层焊接方法和第二层相同，但火焰能率要略低一些，这样可使焊缝成形美观。

在整个焊接过程中，每一层焊道应一次焊完，各层的起焊点要相互错开 20～30mm，以保证焊接接头质量。每次焊接结束时，要填满熔池，火焰要慢慢离开熔池，以免出现气孔、夹渣等缺陷。

b. 管子水平固定对接焊。管子在水平位置上不可转动的对接焊，包括了平、立、横、仰所有的焊接位置。所以，在焊接过程中，应当灵活调整焊丝、焊嘴和管子之间的夹角，以保证不同位置的熔池形状，使之既能保证熔透，又不产生过热和烧穿现象。水平固定管子气焊时，起点和终点应相互重叠 10～15mm，以避免起点和终点处产生缺陷。

（3）注意事项

① 焊接管子时，不允许将管壁烧穿，因为烧穿后将增加管内液体或气体的流动阻力。

② 焊缝不允许有较大的焊瘤。

③ 焊缝表面不允许有过深的咬边。

④ 要求焊缝的气密性好。

气割

3.8.1　气割的基本原理

气割是利用气体火焰将被切割的金属预热到燃点，使其在纯氧气流中剧烈燃烧，形成熔渣并放出大量的热，在高压氧的吹力下，将熔渣吹掉；所放出的热量又进一步预热下一层金属，使其达到熔点。金属的气割过程是预热、燃烧、吹渣的连续过程，其实质是金属在纯氧中燃烧的过程，而不是熔化过程。

3.8.2 氧气切割过程

① 采用氧-乙炔火焰（中性焰）将金属切割处预热到燃烧温度（燃点），一般碳钢的燃点为 1100～1150℃。

② 向加热到燃点的被切割金属开放切割氧气，使金属材料在纯氧中剧烈燃烧（氧化）。

③ 金属燃烧后，生成熔渣并放出大量的热量，熔渣被切割氧气流带走，产生的热量和氧-乙炔预热火焰一起，又将下一层金属加热到燃点。这样的过程一直延续下去直到把金属割穿为止。

④ 移动割炬，即可得到各种形状的割缝，氧气切割的过程如图 3-24 所示。

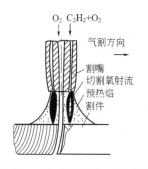

图 3-24　氧气切割的过程示意

3.8.3 氧气切割条件

由于氧气切割的过程是一个预热→燃烧→吹渣的连续过程，所以并不是所有金属都能采用氧气切割。只有具备下列条件的金属，才能进行氧气切割。

① 金属材料的燃点应低于熔点，否则金属在没有燃烧之前就已经熔化，形成了熔割。熔化的液态金属流动性很大，这样使切口很不规整，割缝质量低劣，而且熔割要消耗更多的热量，严重时使切割无法进行。因此，被切割金属的燃点低于熔点，是保证切割顺利进行的最基本条件。

低碳钢的燃点为 1350℃，而熔点约为 1500℃，具有良好的气割条件。钢随其含碳量的增加，熔点降低，燃点增高，故使切割不易进行。铜、铝以及铸铁的燃点高于熔点，所以不能进行氧气切割。

② 金属的熔点应高于其氧化物的熔点，在金属未熔化前，熔渣呈液体状态从切口被吹走。如果生成的金属氧化物熔点高于金属材料的熔点，则高熔点的氧化物将会阻碍下一层金属与切割氧气流的接触，使金属难以氧化燃烧，气割过程难以进行。

高铬或铬镍合金不锈钢、铝及其合金、高碳钢、灰铸铁等氧化物的熔点，均高于材料本身的熔点，所以就不能采用氧气切割的方法进行切割。如果金属氧化物的熔点高，则必须采用熔剂来降低金属氧化物的熔点。

常用金属材料及其氧化物的熔点见表 3-10。

表 3-10　常用金属材料及其氧化物的熔点　　　　　　℃

金属名称	熔点	
	金属	氧化物
纯铁	1535	1300～1500
低碳钢	约 1500	1300～1500
高碳钢	130～1400	1300～1500
铸铁	约 1200	1300～1500
紫铜	1083	1236
黄铜、锡青铜	850～900	1236
铝	657	2050
锌	419	1800
铬	1550	约 1900
镍	1450	约 1900
锰	1250	1560～1785

③ 金属材料的黏度要低，流动性较好。否则，会粘在切口上，很难吹掉，影响切口边缘的整齐。

④ 金属在燃烧时应能放出大量的热，用此热量对下层金属起到预热作用，维持切割过程的继续。如低碳钢切割时，预热金属的热量少部分由氧-乙炔火焰供给（占30%），而大部分热量则依靠金属在燃烧过程中放出的热量供给（占70%）。金属在燃烧时放出的热量越多，预热作用也就越大，越有利于气割过程的顺利进行。若金属的燃烧不是放热反应，而是吸热反应，则下层金属得不到预热，气割过程就不能进行。

⑤ 金属的导热性能差。否则，金属燃烧所产生的热量及预热火焰的热量很快传散，切口处金属的温度很难达到燃点，切割过程很难进行。因此，铜、铝等导热性较强的有色金属，不能采用普通的气割方法进行切割。

⑥ 金属中含阻碍切割进行和提高淬硬性的成分要少，钢中的合金元素对切割性能的影响见表3-11。

表3-11　钢中的合金元素对切割性能的影响

元素	影　响
碳	含碳≤0.25%，气割性能良好；含碳≤0.40%，气割性能尚好；含碳>0.50%，气割性能显著变坏；含碳≥0.70%时，必须将割件预热到400~700℃才能进行气割；含碳>1%时，不能气割
锰	含锰<4%，对气割性能无明显影响；随着含碳量增加，气割性能变差，当含锰≥14%时，不能气割。当含碳>3%且含锰≥0.8%时，淬硬倾向和热影响区脆性增加，不宜气割
铬	铬的氧化物熔点高，熔渣黏度增加，含铬<5%时，气割性能尚可；当含铬量大时，应采用特种切割方式
硅	硅的氧化物使熔渣黏度增加，含硅<4%时，气割性能尚可
镍	镍的氧化物熔点高，含镍<7%时，气割性能尚可。含量高时应采用特殊切割方法切割
钼	钼能提高钢的淬硬性，含钼<0.25%时对气割无明显影响
钨	钨能增加钢的淬硬性，氧化物熔点高，含量接近10%时，气割困难；超过25%时不能气割

元素	影　　响
铜	含铜<0.7%时,对气割无影响
铝	含铝<0.50%时,对气割影响不大;超过10%,则不能气割
钒	含有少量的钒对气割没有影响
硫、磷	在允许的含量内,对气割性能无影响

3.8.4　常用金属材料的气割性能

常用金属材料的气割性能见表 3-12。

表 3-12　常用金属材料的气割性能特点

材　料	气　割　特　点
碳钢	低碳钢的燃点低于熔点,易于气割;若含碳量增加,燃点趋近熔点时,气割过程恶化
铸铁	含碳、硅量较高,燃点高于熔点;气割时生成二氧化硅熔点高,黏度大、流动性差;碳燃烧生成的一氧化碳、二氧化碳会降低氧气纯度,不能采用气割
铬或铬镍钢	生成的高熔点氧化物覆盖在切口表面,阻碍气割过程的进行,不能采用气割
铜、铝及其合金	导热性好,燃点高于熔点。其氧化物熔点很高,金属在燃烧(氧化)时放热量少,不能气割

综上所述,氧气切割主要用于切割低碳钢和低合金钢,广泛用于钢板下料、开坡口,在钢板上切割出各种各样外形的复杂工件等。在切割淬硬倾向大的碳钢和强度等级高的低合金钢时,为了避免切口淬硬或产生裂纹,在切割时,应适当加大火焰能率和放慢切割速度,甚至在割前预热。对于铸铁、高铬钢、铬镍不锈钢、铜、铝及铝合金等金属材料,常用氧熔剂切割或等离子切割等其他方法进行切割。

3.8.5　割炬

割炬的作用是使氧气与乙炔气按比例进行混合,形成预热火焰，并将高压氧气喷射到被切割的工件上，使被切割金属在氧射流中燃烧，氧射流将燃烧生成的熔渣（氧化物）吹走而形成割缝。气割用的割炬结构简单，使用安全可靠，是气割工件的主要工具。

割炬按预热火焰中氧气和乙炔混合的方式不同，分为射吸式和等压式两种。其中，以射吸式使用最为普遍。割炬按其用途又分为普通割炬、重型割炬及焊割两用焊（割）炬等几种。常用的割炬型号及主要技术数据见表 3-13。

3.8.6 射吸式割炬

射吸式割炬采用的割嘴，其中心是切割氧通道，预热火焰均匀分布在它的周围。割嘴按结构形式的差别，可分为组合式（环形）割嘴和整体形（梅花形）等。

（1）G01-30 型射吸式割炬

这是常用的一种射吸式割炬，能切割 2～30mm 厚度的低碳钢板。割炬备有三个割嘴，可根据不同板厚选用。割炬主要由主体、乙炔调节阀、预热氧调节阀、切割氧调节阀、喷嘴、射吹管、混合气管、切割氧气管、割嘴、手柄、氧气管接头和乙炔管接头等组成，G01-30 型射吸式割炬的结构如图 3-25 所示。

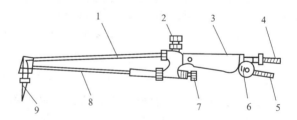

图 3-25　G01-30 型射吸式割炬结构示意

1—切割氧气管；2—高压氧手轮；3—手柄；

4—氧气管接头；5—乙炔管接头；6—乙炔开关；

7—氧气阀手轮；8—混合气管；9—割嘴

表3-13 常用割炬型号及主要技术数据

割炬型号	G01-30			G01-100			G01-300			
结构形式	射吸式									
喷嘴号码	1	2	3	1	2	3	1	2	3	4
喷嘴孔径/mm	0.6	0.8	1	1	1.3	1.6	1.8	2.2	2.6	3
切割厚度范围/mm	2~10	10~20	20~30	10~25	25~30	50~100	100~150	150~200	200~250	250~300
氧气压力/MPa	0.20	0.25	0.30	0.20	0.35	0.50	0.50	0.65	0.80	1.00
乙炔压力/MPa	0.001~0.10	0.001~0.10	0.001~0.10	0.001~0.10	0.001~0.10	0.001~0.10	0.001~0.10	0.001~0.10	0.001~0.10	0.001~0.10
氧气消耗量/(m³/h)	0.8	1.4	2.2	2.2~2.7	3.5~4.2	5.5~7.3	9.0~10.8	11~14	14.5~18	19~26
乙炔消耗量/(L/h)	210	240	310	350~400	400~500	500~610	680~780	800~1100	1150~1200	1250~1600
割嘴形状	环形			梅花形或环形			梅花形			

割炬型号	GD01-100			GD02-100			GD02-500		
结构形式	等压式								
喷嘴号码	1	2	3	1	2	3	1	2	3
喷嘴孔径/mm	0.8	1	1.2	1.0	1.3	1.6	3.0	3.6	4.0
切割厚度范围/mm	5~10	10~25	25~40	10~100			250~500		
氧气压力/MPa	0.25	0.30	0.35	0.4~0.60			1.2~2.0		
乙炔压力/MPa	0.025~0.10	0.030~0.10	0.040~0.10	0.05~0.12			0.05~0.12		
氧气消耗量/(m³/h)	—	—	—	2.2~7.3			15~30		
乙炔消耗量/(L/h)	—	—	—	350~600			1000~2200		
割嘴形状	梅花形			—			—		

(2) G01-30 型射吸式割炬工作原理

割炬所用的割嘴为环形或梅花形，气割火焰的形状也呈环状分布。气割时，先稍微开启预热氧调节阀，再打开乙炔调节阀并立即点火。然后增大预热氧气流量，氧与乙炔混合后从割嘴的混合气孔喷出，形成环形的预热火焰，对工件进行预热。待起割处被预热至燃点时，立即开启切割氧调节阀，使金属在氧气流中燃烧，并且氧气流将割缝的熔渣吹掉。不断移动割炬，在工件上形成割缝。

3.8.7 等压式割炬

GD1-100 型割炬是一种等压式割炬，它能切割 5～40mm 厚的低碳钢板。割炬备有大、中、小三个割嘴，可根据不同的板厚进行调节。GD1-100 型等压式割炬的结构与射吸式割炬不同，其特点是乙炔与预热氧的混合，是在割嘴接头与割嘴间的空隙内完成的，割嘴采用了整体式梅花形割嘴。割炬整体质量较小（0.6kg），使用时较轻便。

割炬主要由主体、乙炔调节阀、预热氧调节阀、切割氧调节阀、割嘴接头、乙炔管及氧气管等组成。

3.8.8 割炬的安全使用和维修

① 选择合适的割嘴　应根据切割工件的厚度，选择合适的割嘴，装配割嘴时，必须使内嘴和外嘴保持同心，以保证切割氧射流位于预热火焰的中心。安装割嘴时注意拧紧割嘴螺母。

② 检查射吸情况　射吸式割炬经检查射吸情况后，方可把乙炔胶管接上，胶管以不漏气并容易插上、拔下为准；等压式割炬，要保证乙炔具有一定的工作压力。

③ 火焰熄灭的处理　点火后，当拧预热氧调节阀调整火焰时，若火焰立即熄灭，其原因是各气体通道内存在脏物或射吸管的喇叭孔处接触不严，以及割嘴外套配合不良。此时，应将射吸管螺母拧紧；

若无效，应拆下射吸管，清除气体通道内的脏物，调整割嘴外套与内套的间隙，并要拧紧。

④ 割嘴中心处漏气　预热火焰调整正常后，割嘴头发出有节奏的"叭叭"声音，但火焰并不熄灭，若将切割氧开大时，火焰就立即熄灭。其原因是割嘴中心处漏气。此时，应拆下割嘴用石棉绳垫上，再拧紧。

⑤ 割嘴头和割炬配合不严　点火后，火焰虽调节正常，但一打开切割氧调节阀，火焰就立即熄灭。其原因是割嘴头和割炬配合面不平。此时应将割嘴再次拧紧，如果仍然无效，拆下割嘴，用细砂纸轻轻研磨割嘴头的配合面，直到配合严密为止。

⑥ 回火的处理　当发生回火时，应立即关闭切割氧调节阀，然后关闭乙炔调节阀及预热氧调节阀。在正常切割工作时，也应先关闭切割氧调节阀，再关闭乙炔和预热氧调节阀。

⑦ 保持割嘴通道清洁　割嘴通道应经常保持清洁、光滑，孔道内的污物随时用通针清除干净。

⑧ 清理工件表面　工件表面的厚锈、油、水等污物要认真清理掉。在水泥地面上切割时，应垫高工件，以防锈皮和熔渣在水泥地面上爆溅伤人。

3.9 手工气割操作

3.9.1 手工气割工艺

（1）气割前的准备

① 去除割件表面的油脂、污垢、氧化皮等，垫平割件，并在下面留出一定的空间，以利于熔渣的排除。为使操作者不被烧伤，必要时可用挡板挡于空间处。

② 割前应仔细检查切割系统是否工作正常，现场是否符合安全

生产要求。

③ 将氧气和乙炔调到所需的压力。

④ 根据割件厚度检查氧气流（风线）形状及长度是否合适。

（2）割嘴号码及气体压力选择

割嘴及切割氧压力的大小，应根据割件厚度来决定。当切割操作经验不足时，可参照表 3-14 选择。

表 3-14　割嘴号码及气体压力

割件厚度/mm	割炬		切割氧压力 /(kgf/cm²)	乙炔压力 /(kgf/cm²)
	型号	割嘴号码		
≤4	G01-30	1～2	3～4	0.01～1.2
4～10		2～3	4～5	
10～25	G01-100	1～2	5～7	0.01～1.2
25～50		2～3	5～7	
50～100		3	6～8	
100～150	G01-300	1～2	7	0.01～1.2
150～200		2～3	7～9	
200～250		3～4	10～12	

注：$1kgf/cm^2 = 98.0665kPa$。

（3）预热火焰

氧气切割时，预热采用中性焰，不可使用碳化焰，否则会出现边缘增碳现象。调整火焰性质时，应先开启切割氧气流，以防止火焰性质变化，并要在切割过程中，不断加以调节。

（4）割嘴与割件表面距离

割嘴与割件表面距离应根据预热火焰的长度和割件厚度来确定，一般焰芯末端距离工件 3～5mm 为宜。距离太近容易使切口边缘熔化或增碳，同时，会产生"窝火"现象。

（5）割嘴倾斜角度

割嘴的倾斜角度由割件厚度决定。若倾斜角度选择不当，将会直接影响切割速度。一般钢板在 10mm 以下时，割嘴沿切割方向后倾

20°～30°；切割 20～30mm 厚度的钢板时，割嘴应垂直于工件；切割厚度大于 30mm 的钢板，开始气割时应将割嘴前倾 20°～30°，待割穿后再将割嘴垂直于工件进行正常切割，当快割完时，割嘴应逐渐向后倾斜 20°～30°，如图 3-26 所示。

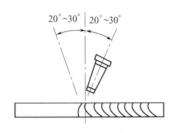

图 3-26　割嘴倾斜角度示意

（6）切割速度

切割速度与割嘴的形状和工件厚度有关。选定割嘴后，割件厚度大时，切割速度慢，反之则快。

切割速度的快慢程度，由操作者灵活掌握，太慢容易使切口边缘熔化；太快会产生后拖量或割不透，如图 3-27 所示。

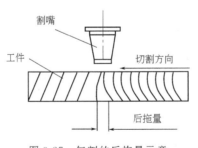

图 3-27　气割的后拖量示意

3.9.2　气割的基本操作程序

（1）气割操作姿势

手工气割时，由于操作者的习惯不同，操作姿势可以是多种多样的。对于初学者来说，应从"抱切法"学起，即双脚成八字形蹲在工件割线的一侧，右臂靠在右膝盖上，左臂悬空在两膝盖中间，以保证移动割炬时灵活方便，割线较长。右手把住割炬手柄，并用右手拇指和食指靠住手柄下面的预热氧调节阀开关，以随时调整预热火焰；产生回火时，能及时切断混合气管的氧气源。左手拇指和食指把住切割氧调节阀的开关，其余三指平稳地把住混合室，以便掌握切割方向。前胸应略挺起，呼吸要有节奏。眼睛注意切口前方的割线和割嘴。切割方向一般是自右向左切割。

（2）点火

点火之前，先检查割炬的射吸能力。若割炬的射吸能力不足时，则应查出原因或更换割炬。用点火枪点火时，手要离开火焰处，以免烧伤。将火焰调节为中性焰，也可以是轻微的氧化焰，禁止使用碳化焰。火焰调整好后，打开割炬上的切割氧调节阀开关，并加大氧气流量，观察切割氧的气流形状（即风线形状）。风线应为笔直而清晰的圆柱体，并要有适当的长度。只有这样，才能使割件表面光滑干净、宽窄一致。若风线形状不规则，应关闭所有阀门，用锥形通针或其他工具修好后，关闭切割氧调节阀开关，准备起割。

（3）起割

起割点应在工件的边缘上。待工件预热到呈亮红点时，将火焰略微移动至边缘以外，同时，慢慢打开切割氧调节阀开关，当看到红色亮点被吹走，再进一步加大切割氧，随着切割氧的加大，割件背面飞出氧化铁熔渣。此时，证明割件已经割透，割炬即可根据割件厚度，以适当的速度开始自左向右移动切割。

如果割件在起割处的一侧有余量，则可从余量的地方起割。然后按一定速度移到割线处。如果两侧没有余量时，则起割时要特别小心。在慢慢加大切割氧的同时，要随即将割嘴向前移动。若停止不动，氧气流会被返回的气流紊乱，周围会出现较深的沟槽。

（4）正常气割

起割后，即进入正常切割阶段。为了保证割口质量，在整个切割过程中，割炬移动的速度要均匀，割嘴与割件表面的距离应保持一致。气割操作者要变换位置时，应预先关闭切割氧调节阀，待位置移动好后，再将割嘴对准割缝，适当加热，然后慢慢打开氧气调节阀，继续向前切割。

在气割薄钢板时，操作者变换位置时，应先关闭切割氧调节阀，并同时把火焰迅速从钢板上移开，防止因薄板受热而引起变形或熔化。

在切割过程中，有时因割嘴过热或附有氧化铁渣，使割嘴堵塞；或乙炔不足时，出现鸣爆或回火现象。此时，必须迅速地关闭预热氧和切割氧调节阀，防止氧气回流到乙炔管内，发生回火。如果仍然听到割嘴内有"嘶、嘶"的响声，说明火焰没有熄灭，应立即迅速关闭乙炔阀门，或者拔掉乙炔胶管，使回火的火焰熄灭排出。当处理正常后，还要重新检查射吸能力，然后才能进行点火切割。

(5) 停割收尾及接头

气割过程临近结束时，割嘴应沿切割方向的反向倾斜一个角度，以使钢板下部提前割透，割缝收尾处整齐。停割时注意余料的下落位置，保证落料安全，然后要仔细清除割口周边的挂渣，便于后道工序加工。

由于切割过程中不可避免地要有中间接头，因此，中间停火和收尾时必须保证根部切透，给接头创造良好的条件。

接头的方法很多，要想接头的质量好，首先是动作要快，利用金属的高温迅速接头切割。一般厚度时，可在停火处后 10～20mm 开始加热金属，垂直行走；厚度大时，在收尾处将割嘴向前倾斜一个角度，使工件下部有一定的空间，从而获得更佳的切割效果。

3.9.3 手工气割的操作实例

实例一：钢板的气割

(1) 薄钢板的气割

气割 4mm 以下的薄钢板时，由于钢板较薄，受热快，散热慢。当气割速度过慢或预热火焰温度过高时，不仅使钢板变形，正面的钢板棱角被熔化，形成前面割开，后面又熔合在一起现象，而且氧化铁也不易吹掉，冷却后氧化铁熔渣粘在钢板背面不容易铲除。因此，在气割薄板时，为获得较好的切割效果，应采取以下措施：

① 选用 G01-30 型射吸式割炬和小号割嘴，预热火焰能率要小。

② 气割时，割炬要后倾 25～45°。

③ 割嘴与割件表面距离应保持在 10～15mm 之间。

④ 气割速度应尽可能快。

（2）中厚钢板的气割

气割 4～20mm 厚度的钢板时，一般选用 G01-100 型射吸式割炬，割嘴与割件表面距离大致为焰芯长度加上 2～4mm，切割氧风线长度应超过工件厚度的 1/3。气割时，割嘴向后倾斜 20°～30°，钢板越厚，倾斜角度越小。

（3）大厚度钢板的气割

气割大厚度钢板时，由于工件上下受热不一致，使下层金属燃烧比上层金属慢，切口容易形成较大的后拖量，甚至割不透。同时，熔渣容易堵塞切口下部，影响气割过程的顺利进行。因此，气割大厚度钢板时，措施如下：

① 应当选用 G01-300 型射吸式割炬和大号割嘴，以提高火焰能率。

② 氧气和乙炔要保证充分供给，氧气不能中断。通常是将多个氧气瓶并联起来使用，同时要使用较大的双级式氧气减压器。

③ 气割前，要调整好割嘴与工件的垂直度，即割嘴与割线两侧成 90°夹角。

④ 起割前，预热的火焰能率要大些，首先由焊件边缘棱角处开始预热，到燃烧温度时，再逐渐开大切割氧调节阀，并将割嘴倾斜于焊件，待焊件边缘全部割透时，加大切割氧气流并使割嘴垂直于焊件，同时割嘴沿割线向前移动。

⑤ 气割大厚度钢板时，要正确掌握气割工艺参数。表 3-15 是切割 200mm 钢板时的工艺参数，以供参考。

表 3-15　切割 200mm 钢板时的工艺参数

钢板厚度/mm	割炬		气割速度/(mm/min)	乙炔压力/MPa	氧气压力/MPa		割嘴距工件距离/mm
	型号	割嘴号码			预热	切割	
200	G01-300	4	100～120	0.05	0.05	1.10	10

⑥ 在气割过程中，若遇到割不透情况时，应立即停止切割，以免气流和熔渣在割缝中旋转，使割缝产生凹陷。重新起割时，应选择另一方向作为起割点。整个气割过程，必须保持均匀一致的气割速度，以免影响割缝宽度和表面粗糙度，并要随时注意乙炔压力变化，及时调节火焰，保持一定的火焰能率。

实例二：钢管的气割

（1）可转动管子的气割

转动气割管子时，可分段进行，即每割一段后暂停一下，将管子稍加转动，然后再继续切割下一段。气割开始，预热火焰应先预热管侧部位，割嘴与管子的表面垂直（图 3-28 中的位置 1）。待割透管壁后，割嘴立即向上倾斜，并上倾斜到与起割点切线成 70°～80°的位置。在每段切割时，割嘴随切缝前移的同时，要不断地改变割嘴位置，即图 3-28 中位置 2～4。

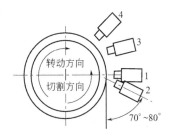

图 3-28　转动管子气割位置示意

1～4—焊接位置

（2）固定管子的切割

由于固定管子不能转动，切割时要从管子的底部开始，向相反方向分两部分切割，如图 3-29 所示。

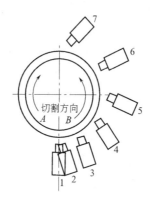

图 3-29　固定管子气割位置示意

1～7—焊接位置

先从图 3-29 中切割方向 A 割到水平位置后，关闭切割氧，将割嘴移到管子下部，沿图 3-29 中的 1～7 变换角度。

（3）槽钢的气割

当槽钢置于正直角切割时，割嘴应垂直于被切面，如图 3-30 所示。

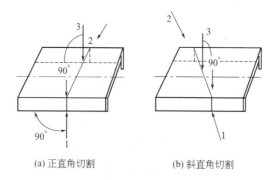

(a) 正直角切割　　　　　(b) 斜直角切割

图 3-30　槽钢气割顺序示意

1～3—切割顺序

如果是斜角线切割，除割嘴垂直于大面外，其余两个小面，割嘴都要随大面的斜线方向进行切割，如图 3-30（b）所示。

（4）焊接坡口的切割

焊接坡口有两种切割方法，如图 3-31 所示。

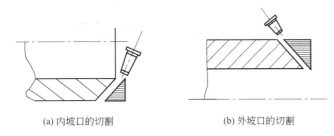

(a) 内坡口的切割　　　　　　　(b) 外坡口的切割

图 3-31　钢管坡口切割的两种形式

外坡口切割法有以下优点：

① 坡口的光洁度高；

② 所留钝边均匀一致；

③ 熔渣被吹到管壁外侧表面，容易清除。

气割坡口与常规的气割相比，预热火焰要适当大些，并将割嘴沿切割方向后倾 30°左右，这样可以增大火焰预热能力，同时切割氧压力应稍大些，并可采用较快的切割速度。

手工钨极氩弧焊

 概述

手工钨极氩弧焊，是使用钨丝作为电极，利用从喷嘴流出的氩气，在电弧焊接熔池周围形成连续封闭的气流，以保护钨极、焊丝和焊接熔池不被氧化的一种手工操作气体保护电弧焊，其焊接形式如图4-1所示。

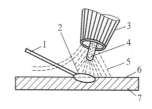

图 4-1 手工钨极氩弧焊示意

1—焊丝；2—熔池；3—喷嘴；4—钨极；5—氩气；6—焊缝；7—焊件

手工钨极氩弧焊具有如下特点：焊缝质量高，因为氩气在高温下，不与钨极和熔化金属起化学反应，被焊金属材料中合金元素烧损少。氩气没有腐蚀性，也不溶于金属。电弧热量集中，电流密度大，热影响区小，适应范围广。它可以焊接黑色金属、不锈钢，也可焊接有色金属及活性金属；能焊接 0.5mm 以上的薄板，也可焊接中等厚度的焊件；由于是明弧操作，便于对电弧、熔池的观察，焊接质量容易控制。

由于上述原因，钨极氩弧焊焊缝的致密性、力学性能好，最适宜单面焊双面成形的封底焊，而且焊缝表面成形美观。所以，手工钨极氩弧焊，是目前采用较多的一种焊接方法，在生产中应用非常广泛。

 4.2　钨极氩弧焊设备

（1）钨极氩弧焊机

一般用于 6～10mm 的薄板焊接及厚板单面焊双面成形的封底焊。常用的焊机有国产 YC-150 型手工钨极氩弧焊机。其外部接线如图 4-2 所示。

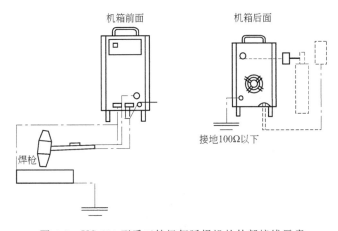

图 4-2　YC-150 型手工钨极氩弧焊机的外部接线示意

该机主要由焊接电源、控制箱、焊枪、供气及水冷系统组成。焊机的工作电压为 20V，电流调节范围为 30～150A，额定焊接电流150A，钨极直径 1～4mm，额定负载持续率 60%，电源电压 380/220V，相数 3，频率 50Hz。焊机设有供气控制系统。

（2）焊枪

① 氩弧焊枪的作用　是传导电流、输送氩气、夹持电极。

② 氩弧焊枪的结构　氩弧焊枪由枪体、钨极夹头、钨极、进气管、喷嘴等部分组成。

焊枪分大、中、小型三种，按冷却方式，可分为气冷式和水冷式两种。焊枪的主体采用尼龙压制而成，重量轻、体积小、操作方便灵活、绝缘和耐热性好，具有一定的机械强度。其焊枪的外形如图 4-3 所示。焊枪的内部结构如图 4-4 所示。

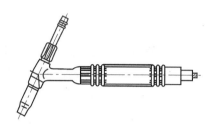

图 4-3　钨极氩弧焊枪的外形示意

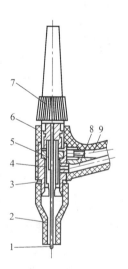

图 4-4　钨极氩弧焊枪的内部结构示意

1—钨极；2—喷嘴；3—密封环；4—开口夹套；5—电极夹；

6—焊枪本体；7—绝缘帽；8—进气管；9—水管

③ 喷嘴　喷嘴是焊枪的气体保护来源。其结构如果长一些，对形成层流有利，但使用时不方便。因此，生产中常制作成多孔式，来达到同样的目的。喷嘴形状对气流运动的影响很大，常用的喷嘴形状有圆柱形和圆锥形两种，如图 4-5 所示。

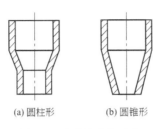

(a) 圆柱形　　(b) 圆锥形

图 4-5　喷嘴的形状示意

圆柱形喷嘴保护性能最好，原因是当气流通过圆形喷嘴时，通道截面不变，气流速度均匀，容易保持层流，是常用的一种喷嘴形式。圆锥形喷嘴，由于出口处截面减小，气流速度加快，虽然气流挺度好一些，但容易造成紊流，故保护性能较差。但这种喷嘴操作方便，便于观察熔池，所以生产中也常使用。

焊接钛及钛合金时，不仅熔池和电弧区需要保护，由于电弧附近已经凝固的热影响区（400℃以上区域）还会氧化，所以仍需继续保护。在这种情况下，可在喷嘴后面加装一个附加喷嘴，以扩大氩气保护区域。

为了避免操作中喷嘴碰撞到工件，造成短路，喷嘴一般是采用不导电的陶瓷材料制作。这种喷嘴在高温下也不容易开裂，使用寿命较长。

④ 电极材料　目前，钨极氩弧焊所用的电极，大都是钨铈合金。这种电极具有电子发射能力强、容易引弧、不易烧损、许用电流大、寿命长、无放射性污染等优点。

钨极的端部形状对焊缝及电弧的稳定性有很大的影响。当使用交流电源时，一般是将端部磨成圆球形；而采用直流电源时，一般是正接法，电极发热量小，为使电弧集中，燃烧稳定，钨极可磨成平底锥

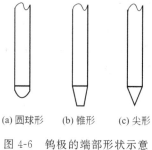

(a) 圆球形　(b) 锥形　(c) 尖形

图 4-6　钨极的端部形状示意

形或尖形，如图 4-6 所示。

⑤ 面罩及黑玻璃　氩弧焊操作时，应采用头盔式面罩，以便于操作。选用黑玻璃的颜色应略浅些，一般选用 8# 或 9# 为宜。

4.3　焊接参数选择

① 焊接电流和钨极直径　一般根据焊件厚度来选择。首先，可根据电弧情况，来判断焊接电流和钨极直径是否正常。正常电流，钨极端部呈熔融状的半球形，此时电弧也最稳定，焊缝成形良好；焊接电流过小时，钨极端部的电弧在单边，电弧有飘移；焊接电流过大时，易使钨极内部发热，钨极的熔化部分落入熔池，容易产生夹钨等缺陷，并且电弧不稳定，焊接质量差，如图 4-7 所示。

② 焊丝直径选择　焊丝直径选择合适，有利于熔滴呈细滴状过渡和提高氩气保护效果。焊丝直径粗，对氩气流产生阻力降低了氩气保护效果。但焊丝直径也不宜太细，否则由于焊丝熔化太快，增加送丝频率，容易使焊丝与钨极接触，影响焊接质量。

③ 焊接电流　焊接电流是主要的工艺参数。随着电流的增大，熔透深度及焊缝宽度都相应增大，而焊缝高度相应减小。当焊接电流太大时，容易产生咬边和烧穿；电流太小，容易产生未焊透。不锈钢和耐热钢手工钨极氩弧焊的焊接电流可按表 4-1 选择。铝及铝合金手

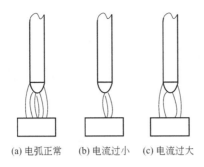

(a) 电弧正常   (b) 电流过小   (c) 电流过大

图 4-7　焊接电流和电弧特征示意

工钨极氩弧焊的焊接电流按表 4-2 选择。

表 4-1　不锈钢和耐热钢手工钨极氩弧焊的焊接电流

材料厚度/mm	钨极直径/mm	焊丝直径/mm	焊接电流/A
1.0	2	1.6	40～70
1.5	2	1.6	50～85
2.0	2	2.0	80～130
3.0	2～3	2.0	120～160

表 4-2　铝及铝合金手工钨极氩弧焊的焊接电流

材料厚度/mm	钨极直径/mm	焊丝直径/mm	焊接电流/A
1.5	2～3	2	70～80
2	3～4	2	90～120
3	3～4	2	120～130
4	3～4	2.5～3	120～160

④ 焊接速度　随着焊接速度的增大，熔透深度以及焊缝宽度都相应减小。当焊接速度太快时，则气体保护受到破坏，如图 4-8 所示，焊缝容易产生未焊透和气孔；焊接速度太慢时，容易产生烧穿和咬边。

⑤ 焊接电源种类和极性　钨弧焊可以使用交流和直流两种焊接电源。采用哪种电源是根据被焊材料来选择的，对于直流，还有极性之分，如表 4-3 所示。

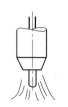 

(a) 焊枪不动　　(b) 移动速度正常　　(c) 移动速度过快

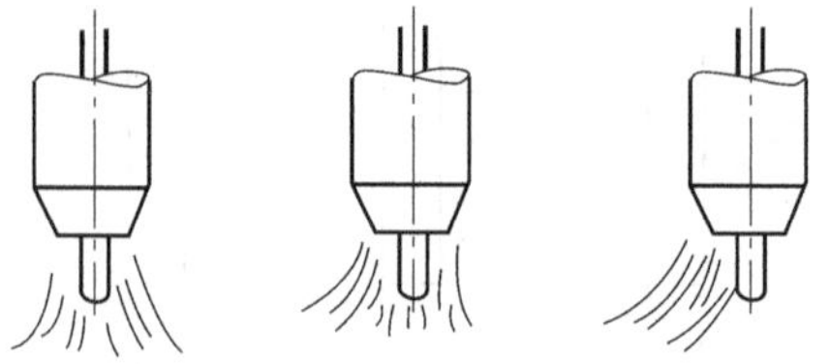

图 4-8　焊枪移动对保护效果的影响示意

表 4-3　材料与电源类别和极性的选择

材　　料	直　　流		交流
	正极性	反极性	
铝及铝合金	×	○	△
黄铜及铜合金	△	×	○
铸铁	△	×	○
低碳钢及低合金钢	△	×	○
高合金钢、镍及镍合金、不锈钢	△	×	○
钛合金	△	×	○

注：△—最佳；○—可用；×—最差。

⑥ 电弧长度　电弧长度指钨极末端到工件之间的距离。随着电弧长度的增大，焊缝宽度增大，熔透深度减小。焊接电弧太长，焊缝容易产生未焊透和氧化现象，所以，在保证电弧不短路的情况下，尽量采用短弧焊接。这样，保护效果好，热量集中，电弧稳定，焊透均匀且变形小。

⑦ 钨极直径　钨极直径要根据焊件厚度和电流的大小来决定。当钨极直径选定后，就有一定的对应焊接电流许用值。焊接时，若超过这个许用值，钨极就会发热局部熔化和挥发，引起电弧不稳定和焊缝夹钨现象。采用不同电源极性和不同直径电极的许用电流范围如表4-4所示。

表 4-4　不同直径电极和不同极性的许用电流

钨极直径/mm		1	1.6	2.4	3.2	4.0
电源极性	直流正接	15～80	70～150	150～250	250～400	400～500
	直流反接	—	10～20	15～30	25～40	40～55
	交流	20～60	60～120	100～180	160～250	200～320

⑧ 氩气流量　随着焊接速度和电弧长度的增大，气体流量也要相应增大，否则，容易造成保护性不良。当气体流量太大时，气流速度变快，会产生紊流，使保护性能下降，导致电弧不稳定，焊缝产生气孔；氩气流量太小，气体刚性差，同样会降低保护效果。

⑨ 喷嘴直径　喷嘴直径应保证氩气从喷嘴流出后，能严密罩住焊接熔池。喷嘴直径太大，影响操作者视线，不容易观察焊缝成形；喷嘴直径太小，喷出的气流不能很好地罩住焊接区，使焊缝金属氧化。喷嘴直径在 12～16mm 之间为宜，它是根据焊件厚度和焊接电流大小来选择的。增加喷嘴直径，要相应增加气体流量，使保护区增大，以提高保护效果。

⑩ 喷嘴至焊件距离　喷嘴至焊件距离太远，保护气层受空气流动的影响易发生摆动，当焊枪向焊接方向移动时，保护气流抵抗空气阻力的能力降低，空气易沿焊件表面侵入熔池。为使焊接熔池得到较好的保护，喷嘴到焊件的距离一般在 8～14mm 之间为宜。

⑪ 钨极伸出长度　钨极伸出长度增大，喷嘴与工件的距离就要相应增大，氩气易受空气浪的影响而发生摆动；钨极伸出长度太小，焊接者不便于观察焊缝成形及送丝情况。一般钨极伸出长度为 3～4mm 较合适。

对于氩气保护效果，可通过测定氩气有效保护区的直径大小来判断。测定的方法是在钢板上引燃电弧后，焊枪固定不动，电弧燃烧 5～6s 后，观察氩气的保护圈层，如图 4-9 所示。

内圈为熔池，外圈的光亮层，就是氩气的有效保护区，称为去氧化膜区。其保护圈越大，保护效果越好。在生产中，常用直接观察焊

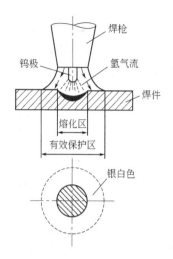

图 4-9   氩气的有效保护区示意

缝表面色泽和是否有气孔来评定保护效果好坏，具体见表 4-5。

表 4-5   铝合金气体保护效果的评定

焊接材料	最好	良好	较好	最坏
不锈钢	银白 金黄色	蓝色	红灰色	黑色
铝合金	银白	—	—	黑灰色

 4.4 **手工钨极氩弧焊基本操作技术**

4.4.1   手工钨极氩弧焊的引弧和收弧

（1）引弧

采用短路方法（接触法）引弧时，不应在焊件上直接引弧，以免击伤母材金属基体或产生夹钨缺陷。有时钨极还会粘在钢板上，产生短路。为此，可在引弧点附近放置一块紫铜板，先引燃电弧，使钨极加热一定温度后，立即转到焊接处引弧。

短路引弧分为压缝式和错开式两种。压缝式就是紫铜板放在焊缝上；错开式是紫铜板放在焊缝旁边，采用短路方法引弧，钨极接触焊件时的动作要快，防止碰断钨极端头，或造成电弧不稳定而引起缺陷。

在生产中，常采用高频脉冲引弧，开始引弧时，先使钨极和工件之间保持一定的距离，然后接通引弧器，在高频脉冲的作用下，保护气体被电离而引燃电弧。这种方法引弧时，钨极损耗小，焊接质量好。手工钨极氩弧焊的引弧过程如图 4-10 所示。

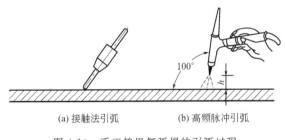

(a) 接触法引弧   (b) 高频脉冲引弧

图 4-10   手工钨极氩弧焊的引弧过程

（2）收弧

焊接结束时，由于收弧的方法不正确，在收弧处容易产生弧坑，引起弧坑裂纹、气孔及烧穿等缺陷。因此，常采用收弧板收弧，焊后将收弧板切除。

在没有电流衰减装置时，收弧时不要突然拉断电弧，可重复熄弧动作，填满弧坑后再熄灭电弧。

由于初学者操作不熟练，焊接时电流最好选得小些，一般采用 $60 \sim 80A$ 即可。焊枪与焊丝、焊件之间的相对位置，要适当调整。焊嘴与工件的夹角一般在 $80°$ 左右；而焊丝与焊件表面的夹角以 $10°$ 左右为宜。在不妨碍视线的情况下，应尽量采用短弧，以增加保护效

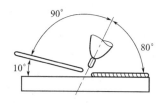

图 4-11　焊枪与焊丝焊件的位置示意

果。其焊枪与焊丝焊件的位置如图 4-11 所示。

4.4.2　手工钨极氩弧焊焊炬的握持方法

　　手工钨极氩弧焊时，根据不同的焊炬类型采用不同的握持方法。手工钨极氩弧焊焊炬的握持方法见表 4-6。

表 4-6　手工钨极氩弧焊焊炬的握持方法

焊枪类型	笔式焊枪	T 形焊枪		
握持方法				
应用范围	100A 或 150A 型焊枪,适用于小电流、薄板焊接	100～300A 型焊枪,适用于 I 形坡口焊接,此握法应用较广	150～200A 型焊枪,此握法手晃动较小,适宜焊缝质量要求严格的薄板焊接	500A 的大型焊枪,多用于大电流、厚板的立焊、仰焊等

4.4.3　手工钨极氩弧焊焊丝的握持方法

　　手工钨极氩弧焊时，根据不同的焊炬类型，焊丝的直径，焊件所处的位置，可采取不同的握持方法。手工钨极氩弧焊焊丝的握持方法如图 4-12 所示。

(a) 全握式样　　　(b) 拇指和中指夹持式　　(c) 拇指和中指握持式

图 4-12　手工钨极氩弧焊焊丝的握持方法

4.4.4　手工钨极氩弧焊焊丝的送进方式

手工钨极氩弧焊焊丝的送进方式，对保证焊缝质量有很大的作用。采用哪种送丝方式与焊件的厚度焊缝的空间位置等有关。常用的手工钨极氩弧焊焊丝的送进方式如图 4-13 所示。

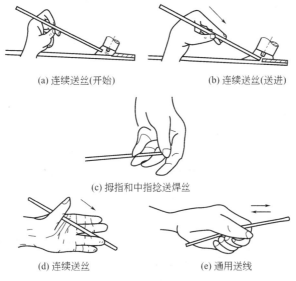

(a) 连续送丝(开始)　　　　　(b) 连续送丝(送进)

(c) 拇指和中指捻送焊丝

(d) 连续送丝　　　　　　(e) 通用送线

图 4-13　常用手工钨极氩弧焊焊丝送进方式

（1）连续送丝

连续送丝对焊接保护区的扰动较小，但较难掌握。连续送丝时，用左手的拇指、食指捏住焊丝，并且用中指和虎口配合托住焊丝。送丝时，捏住焊丝的拇指和食指伸直，即可将焊丝端头送入电弧加热区。然后，借助中指和虎口托住焊丝，迅速弯曲拇指和食指向上倒换捏住焊丝的位置。如此反复，直至焊完焊缝。在整个焊接过程中，注意焊丝的端头不要碰到钨极，也不要脱离氩气保护区，如图 4-13 （a）所示。

连续送丝的第二个方式，是用左手的拇指、食指、中指配合送丝，一般送丝比较平直，无名指和小指夹住焊丝，控制送丝方向，此时手臂动作不大，待焊丝快使用完时，才向前移动，如图 4-13 （b）所示。

焊丝夹持在左手大拇指的虎口处，前端夹持在中指和无名指之间，靠大拇指来回反复均匀用力，推动焊丝向前送丝到熔池中，中指和无名指的作用是夹稳焊丝和控制及调节焊接方向，如图 4-13 （c）所示。

焊丝在拇指和中指、无名指中间，用拇指捻送焊丝向前连续送丝，如图 4-13 （d）所示。

（2）断续送丝

断续送丝又称为点滴送丝，焊接时，焊丝的末端应始终处于氩气的保护区内，手臂和手腕上下反复作用，把焊丝端部的熔滴一滴一滴地送入熔池中。为防止空气侵入熔池，送丝的动作要轻，并且，焊丝端部应始终处在氩气的保护区内，不要扰乱氩气保护层。全位置焊接多用此法填丝，断续送丝如图 4-13 （e）所示。

（3）通用送丝

焊丝握在左手中指，焊丝端部在氩气保护范围内，手臂带动焊丝送进熔池内，如图 4-13 （e）所示。

（4）焊丝紧贴坡口钝边填丝

焊前，将焊丝弯成弧形，紧贴坡口间隙，焊丝的直径要大于坡口间隙。焊接过程中，焊丝和坡口同时熔化，形成打底层焊缝。此法可避免焊丝妨碍焊工视线，多用于焊接时视线较差的地方，如图 4-14

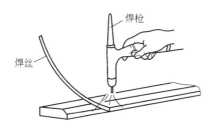

图 4-14　焊丝紧贴坡口钝边填丝法

所示。

（5）送丝操作注意事项

① 填丝时，焊丝与焊件表面成 15°夹角，焊丝准确地从熔池前送进，熔滴滴入熔池后，迅速撤出焊丝，但要注意焊丝端头应始终处于氩气的保护区内。如此反复进行，直至焊缝完成。

② 焊接过程中，应仔细观察坡口两侧熔化情况再进行填丝，以免出现未熔合、未焊透等缺陷。

③ 焊接填丝时，速度要均匀、快慢适当。过快时，焊缝的余高会增大；过慢时使焊缝背面下凹或出现咬边缺陷。

④ 当坡口间隙大于焊丝直径时，焊丝应与焊接电弧做同步横向摆动，而且送丝速度与焊接速度要同步。

⑤ 焊接过程中，填丝操作时，不应把焊丝直接放在电弧下面，不能出现熔池"滴渡"现象，填丝的正确位置如图 4-15（a）所示。

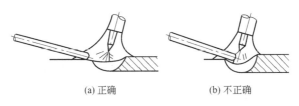

(a) 正确　　　　　　(b) 不正确

图 4-15　填丝的位置示意

⑥ 在填丝过程中，如果出现焊丝与钨极相碰或短路时，会在焊缝处产生夹钨和污染。此时，应立即停止焊接，将污染的焊缝打磨露出金属光泽，同时，还应重新修磨钨极的端头形状。

4.4.5 定位焊及接头

定位焊缝应尽量小而薄。定位焊缝的间距与焊件的刚度有关，对于薄件和容易变形、容易开裂以及刚度很强的焊件，定位焊缝的间距应小些。

在焊缝接头前，应把接头处制成斜坡形，不能有影响电弧移动的死角，以免影响接头质量。重新引弧的位置在距焊缝熔孔前 $10 \sim 15mm$ 处，重叠处一般不加焊丝。

4.4.6 焊枪的移动

焊枪的移动一般是直线形，只有个别情况下，才做小幅度的横向摆动。横向移动时，有三种移动方式，即直线均匀移动、直线断续移动和直线往复运动。

（1）直线均匀移动

焊枪在焊接过程中，沿直线匀速移动。适合焊接不锈钢、耐热钢、高温合金薄板。

（2）直线断续移动

焊接过程中，焊枪做断续移动，当焊枪停顿时，电弧将坡口根部熔透并加入焊丝熔滴，然后，焊枪沿着焊缝做断续的直线移动。主要用于厚度 $3 \sim 6mm$ 焊件的焊接。

（3）直线往复运动

焊接过程中，焊枪和焊丝在熔池周围不断地做往复运动，以控制热量，防止烧穿，并使焊缝成形良好。主要用于铝及铝合金材料的小电流焊接。

焊枪的移动方式如图 4-16 所示。

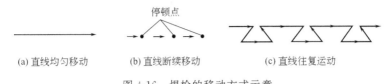

图 4-16   焊枪的移动方式示意

（4）焊枪的横向摆动

焊枪的横向摆动有三种方式，即圆弧"之"形摆动、"之"字形侧移摆动和"r"字形摆动。

4.4.7 跳弧焊法（摇把焊法）

跳弧焊法又称为摇把焊法，这是一种很有创意的新型钨极氩弧手工焊操作方法。焊接时，焊把不停地摇动，每当一个熔池形成后，立即将焊把抬起，使熔池的液态金属加速冷却。然后，又迅速地将电弧移回原来熄弧的弧坑位置，在原熔池的前沿重新形成熔池。由于焊把不间断地摇动，让熔池间相叠加形成焊缝。这种方法类似于焊条电弧焊的挑弧焊法，因为电弧移动较快，可随意控制焊道和热影区温度，所以在封底焊接时，适合大电流快速焊，从而提高封底焊的焊接效率，保证焊接质量。

跳弧焊法有点像气焊时的焊把挑动，但要特别注意的是，氩弧焊是靠惰性气体氩气保护进行焊接的，所以，不论如何摇动焊把，原则是决不能让周围的空气进入保护区内。如果焊把摇动的距离过大，破坏了保护气体的有效范围，使空气进入熔池，是保证不了焊接质量的。

跳弧焊时，焊把的跳动要有节率，摇动距离应恰到好处，频率也不能太快。焊接过程中，操作者要始终注意观察熔池的熔透程度和气体保护效果，使熔池金属的背面焊缝成形美观，宽度和高度保持一致。所以，焊工要掌握跳弧焊法，必须首先具有熟练的操作技能。才能较快地学好新技术。

跳弧焊法特别适用于大直径长输管道的单面焊双面成形工艺，也适合小直径固定管子安装的全位置焊接。目前，我国援外安装工程的钨极氩弧焊工，大都采用这种跳弧焊法操作工艺，其已成为国内外最热门的一种焊接操作技术。

4.4.8 左焊法和右焊法

左焊法和右焊法如图4-17所示。

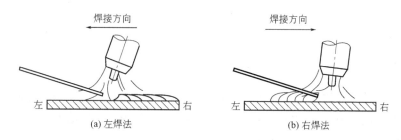

(a) 左焊法   (b) 右焊法

图4-17 左焊法和右焊法操作示意

（1）左焊法

左焊法也叫顺手焊。这种方法应用较普遍。在焊接过程中，焊枪从右向左移动，电弧指向未焊部分，焊丝位于电弧前面，由于操作者容易观察和控制熔池温度，焊丝以点移法和点滴法填入，焊波排列均匀、整齐，焊缝成形良好，操作也较容易掌握。

（2）右焊法

右焊法又称为反手焊。在焊接过程中，焊枪从左向右移动，电弧指向已焊部分，焊丝位于电弧后面，焊丝按填入方法伸入熔池中，操作者观察熔池不如左焊法清楚，控制熔池温度较困难，尤其对薄工件的焊接更不易掌握。

右焊法比左焊法熔透深，焊道宽，适宜焊接较厚的接头。厚度在3mm以上的铝合金、青铜、黄铜和大于5mm的铸造镁合金，多采用右焊法。

右焊法适宜于焊接较薄和对质量要求较高的不锈钢、高温合金。因为此时电弧指向未焊部分，有预热作用。故焊接速度快、焊道窄、焊缝高温停留时间短，对细化金属结晶有利。左焊法焊丝以点滴法加入熔池前部边缘，有利于气孔的逸出和熔池表面氧化膜的去除，从而获得无氧化的焊缝。

4.5 钨极手工氩弧焊实焊练习

4.5.1 在不锈钢板上平敷焊

手工钨极氩弧焊操作的常规方法是用右手握焊枪，用食指和拇指夹住焊枪的前部，其余三指可触及焊件作为支承点，也可用其中的两指或一指作为支承点。焊枪要稍用力握住，这样，能使电弧稳定。左手持焊丝，要严防焊丝与钨极接触，若是焊丝与钨极接触，会产生飞溅、夹钨，影响气体保护效果和焊道的成形。

调整氩气流量时，先开启氩气瓶的手轮，使氩气流出，将焊枪的喷嘴靠近面部或手心，再调节减压器上的螺钉，感到稍有气体流出的吹力即可。

在焊接过程中，通过观察焊缝颜色来判断氩气的保护效果，如果焊缝表面有光泽，呈银白色或金黄色，保护效果最好；若焊缝表面无光泽，发黑，表明保护效果差。还可以通过观察电弧来判断保护氩气的效果，当电弧晃动并有"呼呼"声响，说明氩气流量过大，保护效果不好。

选择焊接电流应在 $60\sim80\text{A}$ 之间，由于初学操作，技术不熟练，因此，在一定极限内，电流要选用小一些为佳。

调整焊枪与焊丝之间的相对位置，是为了使氩气能很好地保护熔池。焊枪的喷嘴与焊件表面应成较大的夹角，如图 4-18 所示。

平敷焊时普遍采用左焊法进行焊接。在焊接过程中，焊枪应保持均匀直线运动。焊丝的送入是将焊丝做往复运动。

必须等待母材充分熔融后，才能填丝，以免造成基体金属未熔

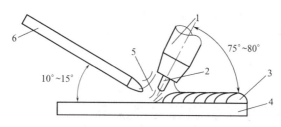

图 4-18 焊枪、焊件与焊丝的相对位置示意图

1—喷嘴；2—钨极；3—焊缝；4—工件；5—电弧；6—焊丝

合。填丝过程：沿工件表面成 10°~15°角的方向，迅速地从熔池前沿点进焊丝（此时喷嘴可向后平移一下），随后焊丝撤回到原位置，如此重复动作，如图 4-19 所示。

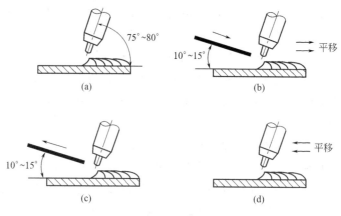

图 4-19 填丝动作示意图

填丝时，不应把焊丝直接放在电弧下面［图 4-20（a）］，但把焊丝抬起得过高也是不适宜的；填丝时不能让熔滴向熔池内"滴渡"［图 4-20（b）］，更不允许在焊缝的横向上来回摆动，因为这样会影响熔化母材，增加焊丝和母材氧化的可能性，破坏氩气的保护。正确的填丝方法，是由电弧前沿熔池边缘点进［图 4-20（c）］。

电弧引燃后，不要急于送入填充焊丝，要稍停留一定时间，使基

(a) 不正确　　　　(b) 不正确　　　　(c) 正确

图 4-20　焊丝点进的位置示意

体金属形成熔池后，立即填充焊丝，以保证熔敷金属和基体金属能很好熔合。

在焊接过程中，要注意观察熔池的大小、焊接速度和填充焊丝，应根据具体情况密切配合好；应尽量减少接头；要计划好焊丝长度，接头时，用电弧把原来熔池的焊道金属重新熔化，形成新的熔池后再加入焊丝，并要与前焊道重叠 5mm 左右，在重叠处要少加焊丝，使接头处圆滑过渡。

焊接时，第一道焊道，焊到工件边缘处终止后，再焊第二道焊道。焊道与焊道之间的间距为 30mm，每块试焊件可焊 3 条焊道。

4.5.2　在铝板上平敷焊

氩弧焊有保护效果好、电弧稳定、热量集中、焊缝成形美观、焊接质量好等优点，所以是焊接铝及铝合金的常用方法。

铝及铝合金手工钨极氩弧焊的电源，通常是用交流焊接电源。采用交流焊接电源时，电弧极性是不断变化的，当焊件为负半波时，具有"阴极破碎"作用，当焊件为正半波时，在氩气有效保护下，熔池表面不易氧化，使焊接过程能正常进行。

练习焊件选择厚度为 2.5mm 的工业铝板，钨极直径选用 2.0mm，焊丝直径 2.5mm，焊接电流为 70~200A。氩气的保护情况可通过观察焊缝表面颜色，进行判断和调整。

采用左焊法，焊接时，焊丝、焊枪与焊件间的相对位置，如图 4-21 所示。

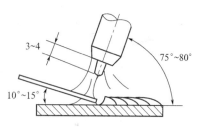

图 4-21 焊丝、焊枪与焊件间的相对角度示意图

通常，焊枪与焊件的夹角为 $75°\sim80°$，填充焊丝与焊件的夹角不大于 $15°$。夹角过大时，一方面对氩气流产生阻力，引起紊流，破坏保护效果；另一方面电弧吹力会造成填丝过多熔化。焊丝与焊枪操作的相互配合，是决定焊接质量的一个重要因素。

在焊接过程中，要求焊枪运行平稳，送丝均匀，保持电弧稳定燃烧，以保证焊接质量。焊枪采用等速运行，这样，能使电弧稳定，焊缝平直均匀。常用的送丝方法是采用点滴法，焊丝在氩气保护层内往复断续地送入熔池，但焊丝不能触及钨极或直接伸入电弧柱内，否则，钨极将被氧化烧损或焊丝在高温弧柱作用下，瞬间熔化，产生飞溅（有"啪啪"声），破坏了电弧稳定燃烧和氩气的保护，引起熔池沾污和夹钨缺陷。所以，焊丝与钨极端头要保持一定距离，焊丝应在熔池前缘熔化。在焊接结束或中断时，要注意保证焊缝收弧的质量，采取有效的收弧措施。

采用上述方法焊后，焊缝表面呈清晰和均匀的鱼鳞波纹。

钨极手工氩弧焊练习过程中，要注意以下几点。

① 要求操作姿势正确。

② 钨极端部严禁与焊丝相接触，避免短路。

③ 要求焊道成形美观，均匀一致，焊缝平直，波纹清晰。

④ 注意氩气保护效果，使焊缝表面有光泽。

⑤ 要求焊道无粗大的焊瘤。

4.5.3 平对接焊

（1）焊接准备

① 交流手工钨极氩弧焊机（型号不限）。

② QD-1 型单级反作用式减压器。

③ 氩气瓶。

④ LZB 型转子流量计。

⑤ 气冷式焊枪，铈钨电极，直径 2.0mm。

⑥ 铝合金焊件：长 200mm，宽 100mm，厚 2mm，每组 2 块。

⑦ 铝合金焊丝，直径 2.0mm。

⑧ 面罩。黑玻璃选用 9# 淡色的一种。

（2）操作要领

① 焊件和焊丝表面清理　将焊件和焊丝用汽油或丙酮清洗干净，然后再将焊件和焊丝放在硝酸溶液中进行中和，使表面光洁，再用热水冲洗干净。使用前必须将水分除掉，保持干燥。

② 定位焊　为了保证两焊件间的相对位置，防止焊件变形，必须进行定位焊。

定位焊的顺序是先焊焊件的中间，再点焊两端，然后再在中间增加定位焊点；也可以在两端先定位，然后增加中间的焊点。定位焊时，采用短弧焊，定位焊的焊缝不要大于正式焊缝宽度和高度的75%。定位焊后，将焊件弯曲一个角度（反变形），以防止焊接变形，还可起到使焊缝背面容易焊透的作用。焊件弯曲时，必须校正，以保证焊件对口不错位。在校正焊件过程中，要求所用的手锤、平台表面光滑，防止校正时压伤焊件。

③ 焊接　铝合金材料在高温下容易氧化，生成一层难熔的三氧化二铝膜，其熔点高达 2050℃，它能阻碍基体金属的熔合；铝合金热胀冷缩现象比较严重，会产生较大的内应力和变形，导致裂纹的产生；铝合金由固态转变为液态时，无颜色变化，给焊接操作者掌握焊接温度带来一定困难。

手工钨极氩弧焊的操作，一般采用左焊法，焊丝、焊枪与焊件之间的相对角度参见图 4-21。钨极的伸出长度以 3～4mm 为宜。焊丝与焊嘴的中心线的夹角为 10°～15°。钨极端部要对准焊件接缝的中心，防止焊缝偏移或熔合不良。焊丝端部应始终保持在氩气保护范围区内，以免氧化；焊丝端部位于钨极端部的下方，切不可触及钨极，以免产生飞溅，造成焊缝夹钨或夹杂等缺陷。

在起焊处要先停留一段时间，待焊件开始熔化时，立即添加焊丝，焊丝添加和焊枪运行动作要配合适当。焊枪应均匀而平稳地向前移动，并要保持均匀的电弧长度。若发现局部有较大的间隙时，应快速向熔池中添加焊丝，然后移动焊枪。当看到有烧穿的危险时，必须立即停弧，待温度下降后，再重新起弧继续焊接。对焊缝的背面，应增加氩气保护或采用垫板等专用工具，使背面不发生氧化，焊透均匀。氩弧焊机上有电流衰减装置，一旦断开焊枪上的开关，焊接电流会自动逐渐减小，此时，向弧坑处再补充少量焊丝填满弧坑。

（3）焊接要求

① 不允许电弧打伤焊件基体。

② 要求焊缝正面高度、宽度一致，背面焊缝焊透均匀；不允许有未焊透、焊瘤等缺陷存在。

③ 焊缝表面鱼鳞波纹清晰，表面应呈银白色，并具有明亮的色泽。

④ 要求焊缝笔直，成形美观。

⑤ 焊缝表面不允许有气孔、裂纹和夹钨等缺陷存在。

⑥ 焊缝应与基体金属圆滑过渡。

4.5.4　平角焊

（1）焊接准备

① NSA4-300 型等普通钨极手工氩弧焊机。

② 气冷式焊枪。

③ 练习焊件：304 型不锈钢板，长 200mm，宽 50mm，厚度为

2～4mm。

④ H0Cr21Ni10 不锈钢焊丝，直径 2mm。

⑤ 铈钨电极，直径 2.0mm。

（2）操作要领

① 焊件表面清理　采用机械抛光轮或砂布轮，将待焊处两侧各 20～30mm 内的氧化皮清除干净。

② 定位焊　定位焊的焊缝距离由焊件板厚及焊缝长度来决定。焊件越薄，焊缝越长，定位焊的焊缝距离越小。焊件厚度在 2～4mm 范围内时，定位焊的焊缝间距一般为 20～40mm，定位焊的焊缝距两边缘为 5～10mm，也可以根据焊缝位置的具体情况灵活选择。

定位焊缝的宽度和余高，不应大于正式焊缝的宽度和余高。定位焊点的顺序如图 4-22 所示。

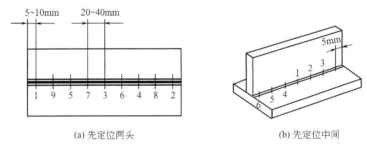

(a) 先定位两头　　　　　　　　(b) 先定位中间

图 4-22　定位焊点的顺序示意图

从焊件两端开始定位焊时，开始两点应距边缘 5mm 以外，第三点在整条焊缝的中间处，第四点、第五点在边缘和中心点之间，依此类推。

从焊件中心开始定位点焊时，要从中心点开始，先向一个方向进行定位焊，再往相反方向定位其他各点。定位焊时所用的焊丝直径，应等于正常焊接的焊丝直径。定位焊的电流可适当增大一些。

③ 校正　定位焊后，要进行校正，这是焊接过程中不可缺少的工序，它对焊接质量起着重要的作用，是保证焊件尺寸、形状和间隙

大小以及防止烧穿等的关键所在。

④ 焊接 焊接采用左焊法。焊丝、焊枪与焊件之间的相对位置如图 4-23 所示。

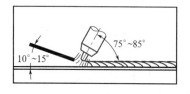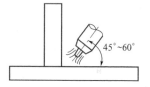

图 4-23 平角焊时,焊丝、焊枪与焊件的位置示意图

进行内平角焊时,由于液体金属容易向水平面流淌,很容易使垂直面产生咬边。因此,焊枪与水平板夹角应大一些,一般为 45°～60°。钨极端部要偏向水平面,使熔池温度均匀。焊丝与水平面成 10°～15°夹角。焊丝端部应偏向垂直板,若两焊件厚度不相同时,焊枪角度要偏向厚板一边,使两板受热均匀。

在焊接过程中,要求焊枪运行平稳,送丝均匀,保持焊接电弧稳定燃烧,这样才能保证焊接质量。

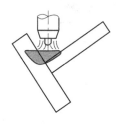

图 4-24 船形焊位置示意

在相同条件下,选择焊接电流时,角焊缝所用的焊接电流比平对接焊时稍大些。如果电流过大,容易产生咬边;而电流过小时,会产生未焊透等缺陷。

⑤ 船形焊 将 T 形接头或角接头转动 45°,使焊件成为水平焊接位置,称为船形焊,如图 4-24 所示。

船形焊可避免平角焊时液体金属向下平面流淌,导致焊缝成形不良的缺陷。船形焊时对熔池的保护性好，可采用大电流焊接，使熔深增加，而且操作容易掌握，焊缝成形好。

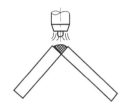

图 4-25　外平角焊位置示意图

⑥ 外平角焊　外平角焊是在焊件的外角施焊，操作时比内角焊方便。操作方法和平对接焊基本相同。焊接间隙越小越好，以避免烧穿。焊接位置如图 4-25 所示。

焊接外平角时，采用左焊法，钨极对准焊缝中心，焊枪均匀、平稳地向前移动。焊丝要断续地向熔池送进。注意：焊丝不要加在熔池外面，以免粘住焊丝。向熔池填充焊丝的速度要均匀，速度不均匀会使焊缝金属向下淌，并且高低不平。

焊接过程中，如果发现熔池有下凹现象，采用加速填丝还不能消除下陷时，就要减小焊枪的倾斜角度，加快焊接速度。造成下陷或烧穿的主要原因是电流过大，焊丝太细，局部间隙过大或焊接速度太慢等。如果发现焊缝两侧的金属温度低，焊件熔化不良时，就要减慢焊接速度，增大焊枪角度，直到达到正常焊接。

外平角焊的氩气保护性较差。为了改善保护效果，可采用自制的工具，如图 4-26 所示的 W 形挡板。

⑦ 焊接要求

a. 要求焊缝平整，焊缝波纹均匀。

b. 在板厚相同条件下，不允许出现焊缝两边焊脚不对称现象。

c. 焊缝的根部要求焊透。

d. 焊缝的收尾处不允许有弧坑和弧坑裂纹。

e. 焊缝表面不允许有粗大的焊瘤。

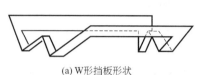

(a) W形挡板形状　　　　　　　　(b) W形挡板的应用情况

图 4-26　W 形挡板的应用示意图

 各种位置焊接操作要领

　　人们习惯称水平固定管为全位置焊接，其实是不全面的，全位置顾名思义是全部所有的位置。根据工件在空间的位置，结合焊缝的形式，可将焊接位置概括为表 4-7 所列几种。

表 4-7　全位置焊接的代号

1G 平板对接焊 管子对接转动焊	4G 板对接仰焊	1R 板角接船形焊	4R 板角接仰焊 管板仰焊
2G 板对接横焊 管子对接垂直固定焊	5G 管子对接水平固定焊 （吊焊）	2R 板角接平焊 管板平焊	5R 管板立焊 （管子水平固定焊）
3G 板对接立焊	6G 管子对接 45°固定焊	3R 板角接立焊	

　　由于焊工技能考核时，可以用对接接头代替角接接头，因此本节只说明 1G、2G 和 2R、3G、4G、管子对接的固定位置 5G 和 6G 的焊接操作要领。

4.6.1　平焊（1G）操作要领

　　平焊是比较容易掌握的焊接位置，效率高，质量好，生产中应用比较广泛。

　　焊接运弧时要稳，钨极端头离工件 3～5mm，约为钨极直径的 1.5～2 倍。运弧时多为直线形，较少摆动，但最好不要跳动；焊丝与工件间的夹角为 10°～15°，焊丝与焊炬互相垂直。引弧形成熔池后，要仔细观察，视熔池的形状和大小控制焊接速度，若熔池表面呈凹形，并与母材熔合良好，则说明已经焊透；若熔池表面呈凸形，且与母材之间有死角，则是未焊透，应继续加温，当熔池稍有下沉的趋势时，应及时添加焊丝，逐渐缓慢而有规律地朝焊接方向移动电弧，要尽量保持弧长不变。焊丝加得过早，会造成未焊透，加晚了容易造成焊瘤或烧穿。

　　熄弧后不可马上将焊炬提起，应在原位置保持数秒不动，以滞后气流保护高温下的焊缝金属和钨极不被氧化。

　　焊完后检查焊缝质量：几何尺寸、熔透情况、焊缝是否氧化、咬边等。焊接结束后，先关掉保护气，后关水，最后关闭焊接电源。

4.6.2　横焊（2G 和 2R）操作要领

　　将平焊位置的工件绕焊缝轴线旋转 90°，就是横焊（2G）的位置。它与平焊位置有许多相似之处，所以焊接没有多大困难。

　　单层单道焊时，焊炬要掌握好两个角度，即水平方向角度与平焊相似，垂直方向呈直角或与下侧板面夹角为 85°。如果是多层多道焊，这个角度随着焊道的层数和道数而变化。焊下侧的焊道时，焊炬应稍垂直于下侧的坡口面，所以焊炬与下侧板面的夹角应是钝角。钝角的大小取决于坡口的角度和深度。焊上侧的焊道时，焊炬要稍垂直于上侧坡口面，因此与上侧板面的夹角是钝角。

　　引弧形成熔池后，最好采用直线运弧，如果需要较宽的焊道时，也可采用斜圆弧形摆动，但摆动不当时，焊丝熔化速度控制不好，上侧容易产生咬边，下侧成形不良，或是出现满溢，焊肉下坠。其关键是要掌握好焊炬角度、焊丝的送给位置、焊接速度和温度控制等，才能焊出圆滑美观的焊缝。

2R 是焊接角焊缝的基本操作方法，主要有搭接和 T 形接头。

搭接时，焊炬与上侧板的垂直面夹角为 40°；如果是不等厚的工件，焊炬应稍指向厚工件一侧，焊炬与焊缝面的夹角为 60°～70°。焊丝与上侧板垂直面夹角为 10°，与下侧板平面夹角为 20°。

引弧施焊时，一般薄板可不加焊丝，利用电弧热使两块母材相互熔化在一起。对厚度在 2mm 以上的较厚板，加丝要在熔池的前缘内侧，以滴状加入。

搭接焊的上侧边缘容易产生咬边，其原因是电流大、电弧长、焊速慢、焊炬或焊丝的角度不正确。

T 形接头时，焊炬与立板的垂直夹角为 40°，与焊缝表面夹角为 70°，焊丝与立板垂直夹角为 20°，与下侧板平面夹角为 30°。多层多道焊时，焊炬、焊丝、工件的相对位置应有变化，其基本要点与 2G 焊法相同。引弧施焊也与搭接时相似。

还应注意的是内侧角焊时，钨极伸出长度不是钨极直径的 2 倍，应为 4～6 倍，这样以利于电弧达到焊缝的根部。

4.6.3 立焊（3G）操作要领

立焊比平焊难得多，主要特点是熔池金属容易向下淌，焊缝成形不平整，坡口边缘咬边等。焊接时，除了要具有平焊的操作技能外，还应选用较细的焊丝、较小的焊接电流，焊炬的摆动采用月牙形，并应随时调整焊炬角度，以控制熔池凝固。

立焊有向上立焊和向下立焊两种，向上立焊容易保证焊透，手工钨极氩弧焊很少采用向下立焊。

向上立焊时，正确的焊炬角度和电弧长度，应是便于观察熔池和给送焊丝，以及合适的焊接速度。焊炬与焊缝表面的夹角为 75°～85°，一般不小于 70°，电弧长度不大于 5mm，焊丝与坡口面夹角为 25°～40°。

焊接时，主要是掌握好焊炬角度和电弧长度。焊炬角度倾斜太大或电弧过长，都会使焊缝中间增高和两侧咬边。移动焊炬时更要注意熔池温度和熔化情况，及时控制焊接速度的快慢，避免焊缝烧穿或熔池金属塌陷等不良现象。

其他相关步骤与平焊时相同。

4.6.4　仰焊（4G）操作要领

平焊位置绕焊缝轴线旋转 180°即为仰焊。因此，焊炬、焊丝和工件的位置与平焊相对称。它是难度最大的焊接位置，主要在于熔池金属和焊丝熔化后的熔滴下坠，比立焊时要严重得多。所以焊接时必须控制焊接热输入和冷却速度。焊接的电流要小，保护气体流量要比平焊时大 10％～30％；焊接速度稍快，尽量直线匀速运弧。必须要摆动时，焊炬呈月牙形运弧，焊炬角度要调整准确，才能焊出熔合好、成形美观的焊缝。

施焊时，电弧要保持短弧，注意熔池情况，配合焊丝的送给和运弧速度。焊丝的送给位置要准确，时机要及时，为了省力和不抖动，焊丝可稍向身边靠，要特别注意熔池的熔化情况以及双手操作中的平稳和均匀性。调节身体位置达到比较适宜的视线角度，并保持身和手操作轻松，尽量减少体能的消耗。焊接固定管道时，可将焊丝撅成与管外径相符的弯度，以便于加入焊丝。仰焊部位最容易产生根部凹陷，主要原因就是电弧过长、温度高、焊丝的送给不及时或送丝后焊炬前移速度太慢等造成的。

4.6.5　管子水平固定和 45°固定焊（5G 和 6G）操作要领

水平固定焊（5G）：管子水平固定焊难度较大，它由平焊、立焊和仰焊三种位置组成，但只要能熟练地掌握平、立、仰位的焊接操作要领，就不难焊好管子的固定焊缝。

45°固定焊（6G）：焊接要比 5G 位置稍难，基本要点是相似的。6G 位置的焊接应采用多层多道焊，从管子的最低处焊道起始，逐渐向上施焊，与横焊有些类似，它综合了平、横、立、仰四种焊接位置的特点。

对于困难位置的焊接，操作时应注意以下几点。

① 要从最困难的部位起弧，在障碍最少的地方收弧封口，以免焊接过程影响操作和视线。

② 合理地进行焊工分布，避免焊接接头温度过低，最好采用双人对称焊的方式进行焊接。

③ 在有障碍的焊件部位，很难做到焊炬、焊丝与工件保持规定的夹角，可根据实际情况进行调整，待有障碍的部位焊过后，立即恢复正常的角度焊接。上、下排列的多层管排，应由上至下逐排焊接。

例如，锅炉水冷壁由轧制的鳍片管组成，管子规格 $\phi 63.5\text{mm} \times 6.4\text{mm}$，管壁间距为 12mm，整排管子的焊接均为水平固定焊。对口处附近的鳍片断开，留有一定的空隙。将每个焊口分为四段，用时钟的钟点位置来表示焊接位置，如图 4-27 所示。

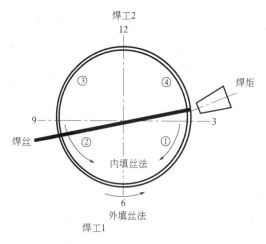

图 4-27 焊接位置和顺序示意图

管子在 12 点处点固，由两名焊工同时对称焊，焊工 1 在仰焊位置，负责①、②段焊接；焊工 2 在俯位焊接，负责 ③、④段的焊接。

焊工 1 仰视焊口，右手握焊炬，左手拿焊丝，从左边间隙内填丝。①段焊缝从 3 点位置始焊，尽可能将起弧点提到 3 点以上，为焊工 2 避开障碍接头创造有利条件，也容易保证质量。焊接过程中，可透过坡口间隙观察焊缝根部成形情况。施焊方向为顺时针，用内填丝法，焊至 5 点位置收弧。不要延续至 6 点处，以免妨碍②段焊缝焊接时的视线和焊丝伸入角度。焊接②段焊缝时，焊工可原地不动，保持原来的姿势，只是改为左手握焊炬，右手拿焊丝，从右边的间隙填入（5 点到 6 点处还有间隙）。从 9 点（最好稍过 9 点）处起弧，逆时针方向施焊。先用内填丝法焊至 7 点左右，这时，视孔越来越小（指 5 点到 7 点处间隙），从间隙观察焊缝成形很困难，同时焊丝角度也不能适应要求，应逐渐由内填丝过渡到外填丝，直至与①段焊缝在 5 点位置处接头封口。

第③、④段的操作要领与第①、②段基本相同。焊工 2 位于管子上方，俯视焊口，由于 12 点处有一段点固焊缝，对于焊丝放置角度和视线都有障碍，因此，焊工 2 要从 3 点处用内填丝法引弧并接好焊工 1 的焊缝接头，然后开始焊接。始焊后不久要立即过渡为外填丝，之后以同样的方法焊接第④段，最后在点固焊处收弧。

 钨极氩弧焊打底焊技术

4.7.1　操作方法

打底焊是采用手工钨极氩弧焊封底，然后再用焊条电弧焊盖面的焊接方法。板材和管子的打底焊，一般有填丝和不填丝两种方法。这要根据板厚或管子的直径大小来选择。

（1）不填丝法

不填丝法又称为自熔法，常用于管道的打底焊。组装时，对口不留间隙，留有 1～1.5mm 的钝边。钝边太大不容易焊透，太小则容易烧穿。焊接时，用电弧熔化母材金属的钝边，形成根焊缝。基本上不填丝，只在熔池温度过高，即将烧穿，或对口时不规则，出现间隙时才少量填丝。操作时，钨极应始终保持与熔池相垂直，以保证钝边熔透。这种方法焊接速度快，节省填充材料，但存在以下缺点。

① 对口要求严格，稍有错边时，容易产生未焊透。操作时，只能凭经验，看熔池温度来判断是否熔透，无法直接观察根部的熔透情况，质量无法得到保证。

② 由于不加焊丝，根部焊缝很薄，填充盖面层焊接时，极容易烧穿；同时在应力集中条件下，尤其是大直径厚壁管打底焊时，容易产生焊缝裂纹。

③ 合金成分比较复杂的管材，特别是含铬较高时，由于铬元素与氧的结合力较强，如果管内不充气保护，在焊接高温作用下，焊缝背面容易产生氧化或过烧缺陷。

因此，采用不填丝焊法进行根部打底焊时，应注意电流不宜过大，焊速不能过慢，对于合金元素较高的管材，要采用管内充氩保护措施。

（2）填丝法

这种方法一般用于小直径薄壁管子的打底层焊接。

管子对口时，需留有一定的间隙。施焊时多由管壁外侧或通过间隙从管壁内侧添加焊丝。与自熔法相比，填丝焊法具有以下优点：

① 管内不充氩气保护时，从对口间隙中漏入氩气仍有一定的保护作用，改善了背面被氧化的状况。

② 专用的氩弧焊丝均含有一定量的脱氧元素，并且对杂质含量的控制很严格，所以焊缝质量较高。同时对口留间隙后，接头的应力状况也得到改善，接头的刚度有所下降，所以裂纹倾向小。

③ 填充焊丝的焊缝比较厚，不但增加了根层焊缝的强度，而在下一层焊接时，背面不容易产生过烧现象。仰焊时不会因温度过高而产生凹陷。

由于填丝法能够可靠地保证根部焊缝质量，所以在管道、压力容器等重要结构中常采用填丝法进行打底焊。

4.7.2　打底焊工艺

（1）焊丝的选择

常用的低碳钢焊丝有 H08Mn2SiA、H08MnSiTiRE（TiG-J50）等，这些焊丝都含有锰和少量的硅，能防止熔池沸腾，脱氧效果好。如果焊丝中含锰量太低，焊接时会产生金属飞溅和气孔，不能满足工艺要求。

（2）点固焊

在管道组对时，首先要找平、垫稳，防止焊接时承受外力，焊口不得强行组对；当点固焊缝为整条焊缝的一部分时，点固焊应仔细检查焊缝质量，如发现有缺陷，应将缺陷部分清除掉，重新点固。焊点的两端应加工成缓坡，以利于接头。

中小直径（外径小于或等于 159mm）管子的点固焊，可在坡口内直接点焊；直径小于 57mm 的管子在平焊处点焊 1 处即可；直径在 60～108mm 的管子，在立焊处对称点固 2 处；直径 108～159mm 的管子，在平焊、立焊处点焊 3 处。点固焊缝的长度为 15～25mm，高度为 2～3mm。焊点不应焊在有障碍处或操作困难的位置上。

对于大直径（外径大于 159mm）的管子，要采用坡口样板或过桥等方法点固在母材上，如图 4-28 所示。

图 4-28　大直管子装配示意

施焊过程中，碰到点固焊处连接样板或过桥障碍时，将它们逐个敲掉。待打底层焊完后，应仔细检查点固焊处及其附近是否有裂纹，并要磨去残存的焊疤。有特殊要求的母材，不宜采用过桥点固焊。

（3）工艺参数

碳钢管子打底焊的工艺参数见表4-8。

表4-8　碳钢管子钨椎氩弧焊工艺参数

壁厚 /mm	坡口形式及角度	间隙 /mm	钝边 /mm	钨极直径 /mm	焊丝直径 /mm	喷嘴直径 /mm	电流 /A	气流 /(L/min)	钨极外伸 /mm
1～3	I	0～1	—	1.6～2.5	1.6～2.5	8	70～110	5～7	4～6
4～6	V,70°	1.5～2	1～1.5	2.5	2.5	10	110～170	6～8	6～8
8～16	V,70°	2～3	1～1.5	2.5～3	2.5	12	170～220	8～10	6～8
12～25	U,20°～30°,R5	2～3	1～1.5	3	2.5～3	14	180～240	10～14	7～9
15～50	双V,20°,70°～80°	2.5～3.5	1.5～2	3	3	14	190～250	12～16	7～9
$\phi25\times4$	V,70°	2～2.5	1.5～2	2.5	2	8	110	5～7	5～7
$\phi89\times6$	V,65°	2～2.5	1～1.5	2.5		10	120	8～10	5～7
$\phi57\times3$	V,65°	2～2.5	0.5～1	2.5		8	120	8～10	5

（4）打底层厚度

壁厚不超过10mm的管道，其打底层厚度不小于2～3mm，壁厚大于10mm的管道打底层厚度不小于4～5mm。打底层焊缝经检验合格后，应及时进行下一层的焊接，若发现有超标缺陷时，应彻底清除，不允许用重复熔化的办法来消除缺陷。

进行下一层的焊条电弧焊时，应注意不得将打底层烧穿，否则会产生内凹或背面氧化等缺陷。与底层相邻的填充层所用焊条，直径不宜过大，一般直径为2.5～3.2mm，电流要小，焊接速度要快。

4.7.3　打底层焊接的注意事项

（1）严格控制熔池温度

温度过高会使合金元素烧损，热影响区宽，氧化严重，甚至产生热裂纹等缺陷。温度过低会产生未焊透、熔合不良、气孔和夹杂等缺陷。要对焊接电流、焊炬角度、电弧长度和焊接速度等进行调整来控制熔池温度，使它能满足焊接的要求。在确保根部成形和熔透的前提下，焊速应尽量快。

（2）提高引弧和收弧的技巧

焊接缺陷特别是裂纹和未焊透，容易在引弧和收弧处产生。引弧时，焊接起始温度不高，如果急于运动焊炬，就会造成未焊透或未熔合；如果突然收弧，熔池温度还很高，会因快速冷却收缩，产生弧坑裂纹或缩孔。所以收弧时应逐渐增加焊速，使熔池变小，焊缝变细，降低熔池温度，或稍多给些焊丝，待填满熔池后将焊炬拉向坡口边缘，快速熄弧。

（3）内充气保护

焊接直径小于 40mm 的碳钢管子或合金元素含量较高的合金钢管，管内应充气保护。管径较小，焊炬角度及焊接速度的变化远不能跟上管周的变化，往往会使熔池温度过高，造成内部氧化严重。所以铬元素超过 5% 时，就应充氩气保护。

（4）两点法和三点法

大直径管子对口间隙不一致的现象是常有的。遇到这种情况应先焊间隙小的地方，由于焊后的冷却收缩，间隙大的地方会变小些。如果间隙太小甚至没有，也可以用角向磨光机修磨后再焊。焊接小间隙处时，焊炬应稍垂直工件，电流要大些，焊速则小些，焊丝要少填，直到根部熔透时才能运动焊炬。如果间隙较大可以将焊炬与焊缝表面的夹角缩小到 40°～70°。不同的焊炬角度可以获得不同形状的熔池，直接影响熔透深度和焊缝的双面成形。当然，焊接电流等参数也是很重要的。焊炬角度随间隙的大小而变化，就能形成类似的长条形熔池。温度集中在长条形焊缝上容易掌握，以达到均匀的熔透和成形。长条形熔池的前方为打底预热，中部为熔合和穿透，后部是焊道成形。这种手法既不容易形成焊瘤，也不会烧穿。因为长条形熔池比较窄，温度扩散慢，焊缝的承托力比较强，就不容易产生焊瘤和烧穿。

如果把焊炬角度改为 80°～85°，就会形成椭圆形熔池，它比较宽，较多的热量扩散到焊缝的边缘，降低了焊缝的承托能力，为达到熔透和根部成形，电弧停留的时间就要长，加上手工焊焊速不够均匀，就容易产生焊瘤和烧穿。长条形熔池使焊丝受热较多，其缺点是焊缝中间高，两侧有沟槽或咬边，因而成形不好，所以不能用在最后一层焊接。

当间隙更大时，应采用两点焊法，如图 4-29 所示。即先在坡口的一侧引弧，形成熔池时即填丝，然后将焊炬移向另一侧坡口，形成熔池即填丝，并与第一个焊点熔合重叠 1/3 左右。这样一侧一点交替焊接，直至焊完。

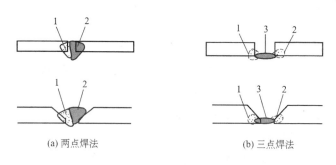

(a) 两点焊法　　　　　　　　　(b) 三点焊法

图 4-29　两点焊法和三点焊法示意

1～3—焊道

当间隙再大，两点法无法形成焊缝时，可采用三点焊法，即在焊件两边各焊一道焊缝，用来减小对接接头的间隙，最后从中间焊接，把两侧熔融在一起，成为一条焊缝。焊接焊道 1 和 2 时，焊枪要做直线运动，焊丝以续入法或压入法填入。焊道 3 的焊接，焊炬做"之"字形运动，焊丝以点滴法填入。

上述焊法是焊缝间隙太大，不得已时的修补措施。由于两点法和三点法是重复加热，会使某些材料的力学性能改变，因此，在一般情况下，要严格控制组对间隙，不应按此法进行正常焊接。

4.8 常见焊接缺陷及预防

焊缝中若是存在缺陷，各种性能将显著降低，以致影响使用性和安全。钨极氩弧焊常用于打底焊及重要结构的焊接，故对焊接质量的要求就更严格。常见缺陷的预防和对策如下。

（1）几何形状不符合要求

焊缝外形尺寸超出规定要求，高低和宽窄不一，焊波脱节，凹凸不平，成形不良，背面凹陷、凸瘤等。其危害是减弱焊缝强度，或造成应力集中，降低承载强度。

造成这些缺陷的原因是：焊接规范选择不当，操作技术不熟练，填丝不均匀，熔池形状和大小控制不准确等。预防的对策是：工艺参数选择合适，熟练掌握操作技术，送丝及时准确，电弧移动一致，控制熔池温度。

（2）未焊透和未熔合

焊接时未完全熔透的现象称为未焊透，如坡口的根部或钝边未熔化，焊缝金属未透过对口间隙则称为根部未焊透，多层多道焊时，后焊的焊道与先焊的焊道没有完全熔合在一起，则称为层间未焊透。其危害是减少了焊缝的有效截面积，降低接头的强度和耐蚀性能。这在钨极氩弧焊中是不允许的。

焊接时，焊道与母材之间，未完全熔化结合的部分称未熔合。未熔合往往与未焊透同时存在，两者的区别在于：未焊透总是有缝隙，而未熔合是一种平面状态的缺陷，其危害犹如裂纹，对承载要求高和塑性差的材料危害更大，所以未熔合是不允许存在的缺陷。

产生未焊透和未熔合的原因：电流过小，焊速过快，间隙小，钝边厚，坡口角度小，电弧过长或电弧偏吹等。另外还有焊前清理不干净，尤其是铝氧化膜的清除不彻底；焊丝、焊炬和工件的位置不正确等。预防的对策是：正确选择焊接规范，选用适当的坡口形式和装配尺寸，熟练掌握操作技术等。

（3）烧穿

焊接过程中，熔化金属自背面流出，形成的穿孔缺陷称为烧穿。产生的原因与未焊透正好相反。熔池温度过高和焊丝送给不及时是主要原因。烧穿能降低焊缝强度，引起应力集中和裂纹。烧穿是不允许的缺陷，必须补焊。预防方法是工艺参数合适，装配尺寸准确，操作技术熟练。

（4）裂纹

在焊接应力及其他致脆因素作用下，焊接接头中局部区域的金属原子结合力遭到破坏而形成的缝隙，它具有尖锐的缺口和大的长宽比等特征。裂纹有热裂纹和冷裂纹之分。焊接过程中，焊缝和热影响区金属到固相线附近的高温区产生裂纹。焊接接头冷却到较低温度下（对钢来说马氏体转变温度以下，大约为 230℃）时产生的裂纹称为冷裂纹。冷却到室温并在以后的一定时间内才出现的冷裂纹又叫延迟裂纹。裂纹不仅会减少金属的有效截面积，降低接头强度，影响结构的使用性能，而且会造成严重的应力集中。在使用过程中裂纹能继续扩展以致发生脆性断裂。所以裂纹是最危险的缺陷，必须避免。

热裂纹的产生是冶金因素和焊接应力共同作用的结果。多发生在杂质较多的碳钢、纯奥氏体钢、镍基合金和铝合金的焊缝中。预防的对策，主要是减少母材和焊丝中易形成低熔点共晶的元素，特别是硫和磷的含量，变质处理，即在钢中加入细化晶粒元素钛、钼、钒、铌、铬和稀土等，能细化一次结晶组织；减少高温停留时间和改善焊接应力。

冷裂纹的产生是材料有淬硬倾向，焊缝中扩散氢含量多和焊接应力三要素作用的结果。预防的对策：限制焊缝中的扩散氢含量，降低冷却速度和减少高温停留时间，以改善焊缝和热影响区组织结构；采用合理的焊接顺序，以减少焊接应力；选用合理的焊丝和工艺参数，减少过热和晶粒长大倾向；采用正确的收弧方法，填满弧坑，严格焊前清理；采用合理的坡口形式以减小熔合比。

（5）气孔

焊接时，熔池中的气泡在凝固时未能逸出而残留在金属中形成的孔穴。常见的气孔有三种，氢气孔呈喇叭形；一氧化碳气孔呈链状；氮气孔多呈蜂窝状。焊丝、焊件表面的油污、氧化皮、潮气、保护气体不纯或熔池在高温下氧化等，都是产生气孔的原因。

气孔的危害是降低接头强度和致密性，造成应力集中时可能会是裂纹的起源。预防的措施是：焊丝和焊件应清理并干燥；保护气应符合标准要求；送丝及时，熔滴的过渡要快而准，焊炬移动平稳，防止熔池过热沸腾；焊炬的摆幅不能过大；焊丝、焊炬和焊件间要保持合适的相对位置和焊速。

（6）夹渣和夹钨

由于焊接冶金产生的，焊后残留在焊缝金属中的非金属杂质如氧化物、硫化物等，称为夹渣。钨极电流过大或与焊丝碰撞而使端头熔化落入熔池中，产生夹钨。

产生夹渣的原因有：焊前清理不彻底，焊丝熔化端严重氧化。预防对策为：保证焊前清理质量，焊丝熔化端始终保持处于气体保护区内，选择合适的钨极直径和焊接电流，提高操作技术；正确修磨钨极端部尖角，发生夹钨时应重新修磨。

（7）咬边

沿焊趾的母材熔化后，未得到焊缝金属的补充，所留下的沟槽称为咬边。有表面咬边和根部咬边两种。产生咬边的原因：电流过大、焊炬角度错误，填丝过慢或位置不准，焊速过快等。钝边和坡口面熔化过深，使熔化金属难以填充满而产生根部咬边，尤其在横焊的上侧。咬边多产生在立角点焊、横焊上侧和仰焊部位。富有流动性的金属更容易产生咬边，如含镍较高的低温钢、钛金属等。

咬边的危害是降低接头的强度，容易形成应力集中。预防的对策是：选择工艺参数要合适，操作技术要熟练，严格控制熔池形状和大小，熔池应填满，焊速合适，位置准确。

(8) 焊道过烧和氧化

焊道内外表面有严重的氧化物。产生的原因：气体保护效果差，气体不纯，流量小等；熔池温度过高，如电流大，焊速慢，填丝缓慢等；焊前清理不干净，钨极外伸过长，电弧长度过大，钨极及喷嘴不同心等。焊接铬镍奥氏体钢时，内部产生花状氧化物，说明内部充气不足或密封性不好。

焊道过烧会严重降低接头的使用性能，必须找出产生原因，制定预防措施。

(9) 偏弧

产生的原因：钨极不直，钨极端部形状不准确，产生夹钨后未修磨，焊炬角度或位置不正确，熔池形状或填丝错误。

(10) 工艺参数不合适产生的缺陷

电流过大：咬边、焊道表面平而宽、氧化或烧穿。

电流过小：焊道窄而高、与母材过渡不圆滑、熔合不良、未焊透或未熔合。

焊速成太快：焊道细小、焊波脱节、未焊透或未熔合、坡口未填满。

焊速太慢：焊道过宽、余高过大、凸瘤或烧穿。

电弧过长：气孔、夹渣、未焊透、氧化。

埋弧自动焊

埋弧自动焊是一种电弧在粒状焊剂层下燃烧，完成焊接过程的自动电弧焊接方法。在自动焊时，引弧、维持电弧稳定燃烧、送进焊丝、电弧移动以及焊接结束时的填满弧坑等主要动作，完全利用机械自动完成。这种焊接方法与焊条电弧焊比较，具有生产效率高、焊接质量好、节省焊接材料和电能、焊接变形小、焊缝成形美观和劳动强度低等优点。

由于电弧在焊剂层下，不能直接观察熔池和焊缝形状，故对接头的组装有严格的要求。对于短焊缝、小直径的环形焊缝，处于狭窄空间位置以及焊接薄板，均受到一定的限制。因此，埋弧自动焊一般仅用于较厚焊件的直焊缝焊接。

 埋弧自动焊的特点

埋弧自动焊具有生产效率高、焊接质量好、劳动强度低、无弧光刺激、有害气体和烟尘少、节省焊接材料等特点。因此，在工业生产中得到广泛应用。

（1）焊接电流大

电流密度大，加上焊剂和熔渣的隔热作用，热效率高，熔深大，工件在不开坡口情况下，一次可熔透 20mm。埋弧焊和焊条电弧焊的电流密度比较见表 5-1。

表 5-1 埋弧焊和焊条电弧焊的电流密度比较

焊丝(条)直径/mm	焊条电弧焊		埋弧自动焊	
	焊接电流/A	电流密度/(A/mm^2)	焊接电流/A	电流密度/(A/mm^2)
2	50～60	16～25	200～400	63～125
3.2	80～130	11～18	350～600	50～85
4	125～200	10～16	500～800	40～63
5	190～250	10～18	700～1000	30～50

（2）焊接速度快

以厚 10mm 钢板的对接焊缝为例，单丝埋弧自动焊的焊接速度可达 80cm/min；而焊条电弧焊的焊接速度不超过 10～13cm/min。

（3）自动化程度高

埋弧自动焊采用裸焊丝连续焊接，焊缝越长，生产效率越高。

（4）改善劳动条件

减轻劳动强度，没有对人体的辐射。

（5）焊缝质量好

埋弧焊时，熔池金属与空气隔绝，且凝固速度慢，增加了金属熔池冶金反应时间，减少焊缝产生气孔、裂纹的机会。焊剂还可向焊缝金属补充一些合金元素，可提高焊缝的综合性能。

5.2 埋弧自动焊设备

5.2.1 埋弧自动焊机

埋弧自动焊机按需要有各种不同形式。常见的有焊车式、悬挂

式、门架式、悬臂式、电磁爬行式等，应用最为广泛的是 MZ-1000
型埋弧自动焊机。国产埋弧自动焊机的型号及主要技术数据见
表 5-2。

表 5-2　国产埋弧自动焊机型号及主要技术数据

技术数据	NZA-1000	MZ-1000	MZ-1-1000	MZ-2-1500	MZ-500	MZ6-2-500	MU-2×300	MU1-1000
送丝方式	变速送丝	变速送丝	等速送丝	等速送丝	等速送丝	等速送丝	等速送丝	变速送丝
焊机结构特点	埋、明弧两用小车式	焊车	焊车	悬挂式	电磁式	焊车	堆焊专用	堆焊专用
焊接电流 /A	200～1200	400～1300	200～1000	400～1500	180～600	200～600	160～300	400～1000
焊丝直径 /mm	3～5	3～6	1.6～5	3～6	1.6～2	1.6～2	1.6～2	带极宽30～80
送丝速度 /(cm/min)	50～600弧压控制	50～200弧压控制	87～672	47.5～375	180～700	250～1000	160～540	25～100
焊接速度 /(cm/min)	3.5～130	25～117	26.7～210	22.5～187	16.7～108	13.3～100	32.5～58.3	12.5～58.3
焊接电流种类	直流	交、直流	交、直流	交、直流	交、直流	交流	直流	直流
送丝调整方法	电位器无级调速（改变晶体管导通角）	电位器无级调节电动机转速	换齿轮	换齿轮	自耦变压器调节	自耦变压器调节	换齿轮	电位器无级调速

　　埋弧自动焊机中，常用的焊机是 MZ-1000 型埋弧焊机。MZ-
1000 型埋弧焊机主要用于粗丝埋弧焊。要求电源有陡降的外特性。
主要由 MZT-1000 型自动行走小车、MZP-1000 型控制箱和 ZXG-

1000R 型直流弧焊电源三大部分组成，相互间由电缆线和控制线连接。

MZT-1000 型自动行走小车（自动焊车），是由机头、控制盒、焊丝盘、焊剂斗及小车等组成。其外形结构如图 5-1 所示。

控制盘上装有焊接电流表、电弧电压表、电弧电压和焊接速度调器，各种控制开关、按钮。"焊接"、"空载"转换开关，焊车的"前后"和"停止"转换开关，焊接的"启动"、"停止"转换开关，焊丝"向上"、"向下"开关，焊接电流增加和减小按钮等。机头可根据需要进行调节，能左右旋转 90°，向后倾斜的最大角度为 45°，垂直方向位移 85mm，横向位移为±30mm。

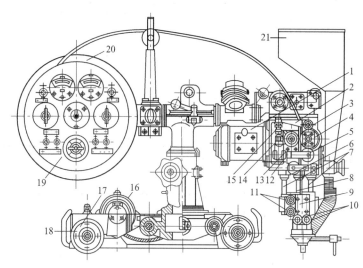

图 5-1　MZT-1000 型自动行走小车结构

1—送丝电动机；2—摇杆；3，4—送丝轮；5，6—校直轮；7—圆柱导轨；

8—螺杆；9—导电嘴；10—螺钉（压紧导电块用）；11，12—电极螺钉；

13—机头；14—螺母；15—弹簧；16—小车电动机；17—车轮；

18—小车；19—控制盒；20—焊丝盘；21—焊剂斗

自动焊车上的送丝机构是由直流电动机驱动，通过正齿轮和蜗轮、蜗杆两级减速，带动送丝轮送给焊丝。焊丝的压紧程度由调节螺母 14、弹簧 15 和调节送丝轮 3 和 4 的轴距来实现的；行走机构是由小车电动机 16 来驱动，经两级减速后，可前后行走。送丝及行走机构如图 5-2 所示。

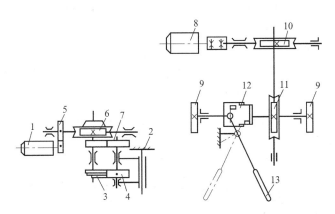

(a) 送丝机构的传动系统　　　　(b) 行走机构的传动系统

图 5-2　MZT-1000 型自动行走小车送丝及行走机构

1—送丝电动机；2—摇杆；3，4—送丝轮；5，7—圆柱齿轮；

6，10，11—蜗轮和蜗杆；8—小车；9—小车轮；12—离合器；13—手柄

MZ-1000 型埋弧自动焊机的控制原理框图，如图 5-3 所示。

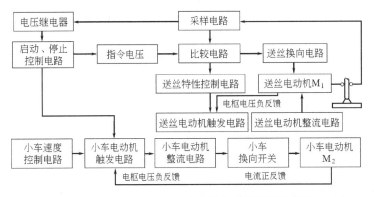

图 5-3　MZ-1000 型埋弧自动焊机的控制原理框图

5.2.2　埋弧自动焊机的使用和维护

埋弧自动焊机比焊条电弧焊机复杂得多。因此，正确使用和维护焊机，使焊机处于良好运行状态，不仅是保证焊接过程顺利进行的需要，也是保护设备安全的需要。

使用埋弧焊机时，要按照各种焊机所规定的操作程序进行操作，与设备无关人员或不熟练焊机构造的人员，不允许随便开动焊机。埋弧自动焊机的常见故障及排除方法见表5-3。

表5-3　埋弧自动焊机常见故障与排除方法

故障性质	产生原因	排除方法
送丝电动机不转	(1)送丝电动机有毛病 (2)电动机电源线路接点断开或损坏	(1)修理送丝电动机 (2)检查电路接点或修理
按启动按钮后，不见电弧产生，焊丝将电动机顶起	焊丝与电路未形成接触	清理接触部位
按启动按钮线路工作正常，但仍不起弧	(1)焊接电源未接通 (2)电源接触器的接触不良 (3)焊丝与焊件接触不良	(1)接通焊接电源 (2)检查修复接触器 (3)清理焊丝与焊件的接触点
启动后，焊丝一直向上	(1)机头上电弧电压反馈线断开 (2)焊接电源未启动	(1)接好电线 (2)开启电源
启动后，焊丝粘住焊件	(1)焊丝与焊件接触太紧 (2)电弧电压太低或焊接电流太小	(1)保证接触良好 (2)调整电流或电压
线路正常，焊接工艺参数正确，但焊丝送给不均，电弧不稳	(1)送丝轮磨损或压得太松 (2)焊丝被卡住 (3)送丝机构有毛病 (4)网路电压有波动 (5)导电嘴导电不良或焊丝脏	(1)调整或更换送丝轮 (2)清理焊丝 (3)检查或修理送丝机构 (4)使用专用线路 (5)更换导电嘴
启动后小车不动或焊接过程小车突然停止	(1)离合器未合上 (2)行走速度在最小位置 (3)空载开关在空载位置	(1)合上离合器 (2)调好行走速度 (3)改变空载开关位置

续表

故障性质	产生原因	排除方法
焊丝没有与焊件接触，焊接回路带电	小车与焊件绝缘不良	检查小车绝缘，修理绝缘部分
焊接过程中机头或导电嘴位置改变	焊接小车间隙过大	修理间隙，更换磨损件
焊机启动后，焊丝不时粘住或常断弧	(1)粘住是焊接电流过小 (2)常断弧是电压过高，或电流太大	(1)增加或减小电弧电压 (2)调整焊接电流
导电嘴以下焊丝发红	(1)导电嘴磨损 (2)导电嘴间隙太大	(1)更换导电嘴 (2)调整导电嘴间隙
导电嘴熔化	(1)焊丝伸出太短 (2)焊接电流大或电弧电压高 (3)引弧时焊丝与焊件接触太紧	(1)增加焊丝伸出长度 (2)调到合适工艺参数 (3)调整
停止焊接后焊丝与焊件粘住	按"停止"按钮时未分两步进行	按焊机规定程序操作"停止"按钮

5.3　埋弧自动焊机的辅助设备

5.3.1　焊接操作设备

焊接操作设备主要是指焊接操作机。它是将焊机准确地保持在焊缝部位上，并以给定的速度均匀移动焊机。通过它与埋弧自动焊机和滚轮架等设备的配合，可方便地进行内、外环缝，内、外纵缝的焊接。

功能较全的焊接操作机是伸缩臂式操作机，其外形如图 5-4 所示。

操作机的伸缩臂可沿立柱升降，空程时的升降速度为 60m/h，

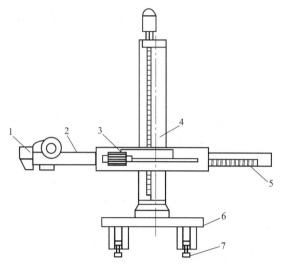

图 5-4　伸臂式焊接操作机示意

1—自动焊小车；2—横臂；3—横臂进给机构；
4—立柱；5—齿条；6—行走台车；7—钢轨

升降行程 4m，并能沿齿条导轨在横臂进给机构的拖动下进行伸缩。空程时，伸缩速度为 300m/h，焊接时，伸缩速度 6～60m/h（也为焊接速度），伸缩行程 3.5m。立柱可绕轴线旋转，焊接时回转速度为 0.5r/min，立柱回转角度 360°。行走小车可沿钢轨移动，移动时空程速度为 360m/h。

　　这种操作机具有横臂伸缩与升降、立柱回转、台车移动四项运动功能，并能以规定的焊接速度沿预定的路线移动焊机，因此，它能在多种工位上实现焊接过程。如果与焊接变位器配合，还可进行螺旋焊缝及其他曲线焊缝的焊接。

5.3.2　焊接滚轮架

　　焊接滚轮架是靠滚轮与焊件的摩擦力，带动焊件旋转的一种装置。适用于筒形焊件的纵缝和环形焊缝的焊接。滚轮架由机架和滚轮组成，为了保证运行安全，工件转动平稳，一般应使焊件截面中心与两个滚轮中心的夹角在 55°～110°范围内，如图 5-5 所示。

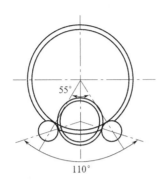

图 5-5　焊件直径与滚轮中心距的关系

采用焊接滚轮架焊接环焊缝时，往往出现焊件轴向窜动，使焊丝偏离焊缝。产生的原因是：

① 焊件本身有锥度；

② 滚轮架制造、安装精度不够。

克服焊件窜动的方法有：当焊件出现锥度（焊件有大头和小头）或焊接有锥度的焊件时，在大的一端加支撑滚轮，在小端抬高滚轮，以保证焊件水平。如果焊件锥度大，还要将小的一端两滚轮间距调小，以保证小端中心在 55°～110°的范围内。

5.4　焊剂与焊丝

5.4.1　焊剂

埋弧自动焊的焊剂与焊条电弧焊的焊条的药皮类似，起着稳弧、造渣、脱硫、脱磷和防止空气侵入、掺合金等作用。

埋弧焊剂有熔炼焊剂和烧结焊剂两种类型。熔炼焊剂的成分均匀，颗粒强度高，吸水性小，易于保管和储存。烧结焊剂易于吸水，保管时要求防潮。焊剂在使用前一般都要求进行烘干。烘干温度为250～300℃，保温 1h。烘干时，焊剂的堆放厚度一般不超过 40～50mm，焊剂烘干后，其含水量应低于 0.1%。

5.4.2 焊丝

焊丝的功能是传导电流和填充焊缝，并向焊缝掺入合金元素，以保证焊缝的性能。

埋弧焊丝与焊条电弧焊中的焊条芯一样。为了焊接不同厚度钢板，同一种牌号焊丝有不同直径规格。埋弧自动焊用的焊丝直径有2mm、3.2mm、4mm、5mm、5.8mm 等几种。焊丝出厂前，为防止锈蚀，一般都镀有防锈层。

5.4.3 焊丝焊剂与焊丝的匹配

埋弧自动焊是根据焊件的化学成分、力学性能、焊件厚度、接头形式、坡口尺寸以及工作条件等因素，选用匹配的焊丝和焊剂的。碳钢与合金结构钢的埋弧自动焊材料匹配见表 5-4。

表 5-4 碳钢与合金结构钢埋弧自动焊材料匹配

钢材类别		钢号	焊丝	焊剂
低碳钢		Q235	H08A	431、101
		15、20	H08A、H08MnA	431、101
		20R、20g	H08MnA	431、101
低合金结构钢	300MPa	09MnZ、09MnCu	H08MnA	431、301
	350MPa	16Mn、16MnR	H08MnA、H10Mn2	431、301
	400MPa	15MnV、16MnTi	H10MnSi、H10Mn2	431、301、350
	450MPa	15MnVN、	H08MnMoA	431、301、350
	500MPa	18MnMoNb	H08MnMoVA	350、401
	550MPa	14MnMoVB	H08MnMoVA	350、401

埋弧自动焊的工艺参数

埋弧自动焊的工艺参数主要有焊接电流、电弧电压、焊接速度、焊丝直径等，这些参数可以用图解形式来说明，如图 5-6 所示。

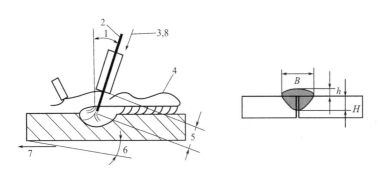

图 5-6 埋弧自动焊各种工艺参数图解

1—焊丝倾角；2—焊丝直径；3—焊接电流；4—焊剂粒度；

5—焊丝伸出长度；6—工件倾斜角度；7—焊接速度；8—电弧电压；

B—熔宽；H—熔深；h—余高

5.5.1 焊丝倾角

在大多数情况下，焊丝与焊件相垂直。当焊丝与焊件不垂直时，焊丝与焊缝成锐角，称为前倾，成钝角称为后倾。

焊丝前倾时，焊接电弧将熔池金属推向电弧前方。这样，电弧不能直接作用于母材金属上，因此随着前倾角的增大，熔深显著减小，熔宽增大，余高减小；反之，当焊丝后倾时，熔深增加，而熔宽减小，余高增大。

5.5.2 焊丝直径

当焊接电流一定时，焊丝直径越粗，其电流密度越小，电弧吹力也小。因此，熔深减小，熔宽增加，余高减小。反之，直径越细，电流密度增加，电弧吹力增强，熔深增加，而且也容易引弧。不同焊丝直径适用的焊接电流见表5-5。

表 5-5　不同焊丝直径适用的焊接电流

焊丝直径/mm	2	3	4	5	6
焊接电流/A	200～400	350～600	500～800	700～1000	800～1200

5.5.3　焊接电流

焊接电流直接决定着焊接速度和焊缝的熔深，当电流由小到大增加时，焊丝熔化速度增加。同时，电弧的吹力也增大，熔炉深、熔宽增大，但电流过大时，会造成烧穿，焊件变形大。

5.5.4　电弧电压

电弧电压与电弧长度成正比。电弧电压增高，就是电弧长度增大，电弧对焊件的加热面增大，因而，焊缝熔宽增大，熔深和余高略有减小。反之，电弧电压降低，焊缝的熔宽相应减小，而熔深和余高减小。电弧电压与焊接电流的关系见表5-6。

表 5-6　电弧电压与焊接电流的关系

焊接电流/A	500～650	850～1200
电弧电压/V	34～38	38～42

5.5.5　焊剂粒度

埋弧焊剂粒度对焊缝形状影响规律是：焊剂粒度增大，熔深略减小，熔宽增大，余高略减小。不同焊接条件，对焊剂的粒度要求见表5-7。

表 5-7　焊剂的粒度要求

焊接条件		焊剂粒度/mm
埋弧自动焊	电流小于 600A	0.25～1.8
	电流 600～1200A	0.4～2.5
	电流大于 200A	1.6～3.5
焊丝直径不超过 2mm 的自动焊		0.25～1.5

5.5.6　焊丝伸出长度

焊丝伸出长度是从导电嘴算起，伸出导电嘴以外的焊丝长度。焊丝伸出长度大，电阻增加，焊丝熔化速度加快，使焊缝余高增加；伸出长度太短，则可能损坏导电嘴。在细焊丝时，其伸出长度一般为直径的 6～10 倍。

5.5.7　焊件倾斜度

焊件倾斜时，焊接方向有下坡或上坡之分。当下坡焊时，熔宽增大，熔深减小，它的影响与焊丝的前倾相同。上坡焊时，熔深增大，熔宽减小，它的影响与焊丝的后倾相同。无论上坡焊还是下坡焊，一般倾角不宜大于 6°～8°。

5.5.8　焊接速度

焊接速度对熔宽和熔深有明显的影响。焊接速度在一定范围内增加时，熔深减小，余高略增大。焊接速度过高时，造成未焊透、焊缝粗糙不平等缺陷；焊接速度过低时，则会造成焊缝不规则和夹渣、烧穿等缺陷。

 ## 焊接工艺参数的选择方法

由于埋弧自动焊工艺参数的内容较多，而且在各种不同情况下组合，对焊缝成形和焊接质量可能产生相似的影响。所以，选择埋弧自动焊工艺参数，是一项比较复杂的工作。

选择埋弧自动焊工艺参数时，应达到焊缝成形良好，接头性能满足设计要求，并要具有高效率和低消耗。

选择埋弧自动焊工艺参数的步骤是：根据生产经验或查阅类似情况下所用的焊接工艺参数，作为参考，然后，进行试焊。试焊时所采用的试件材料、厚度和接头形式、坡口形式等，应完全与生产焊件相同，尺寸大小允许差一些，但不能太小。需经过试焊和必要的检验，最后确定出合格的焊接工艺参数。

 ## 5.7 埋弧焊坡口形式与加工

5.7.1 坡口形式

埋弧自动焊由于焊接电流大，电弧具有较大的穿透力，厚度较大的焊件不用开坡口就可以焊透。一般，厚度在 14mm 以下的板材，可采用不开坡口双面焊；超过 14mm 后，开坡口焊接。方法有两种，一种是焊前不开坡口，正面焊完后，反面用碳弧气刨清根，然后再焊接。另一种是开单面 V 形坡口，厚度 20mm 时，常开成 V 形或 X 形坡口，板厚 30mm 以上时，为了减少填充金属量，常开成 U 形坡口。

5.7.2 坡口加工

由于焊接电流大，焊接速度快，无法像焊条电弧焊一样，采用适当的运条方法来弥补坡口精度差的影响。因此，对坡口加工精度要求高，一般埋弧焊的坡口精度和装配间隙有如下要求：坡口角度公差 $\pm5°$；钝边尺寸公差 $\pm1mm$；装配间隙不超过 0.8mm。

为了保证上述要求，一般采用自动切割方法，或者是采用机械方法加工。加工过程中，钢板要求平整。对于气割切口，如有坡口不整齐的地方，可采用焊条电弧焊修补，然后再修磨平整。

 ## 5.8 装配定位焊、引弧板和引出板

5.8.1　装配定位焊

焊件的焊前组合，尽可能采用工装、夹具，以保证定位焊的准确。一般情况下，定位焊结束后，应将夹具拆除。定位焊的目的是保证焊件固定在预定位置上，要求定位焊缝应能承受结构自重或焊接应力，而不会开裂。对于自动焊，定位焊缝长度见表5-8。

表 5-8　定位焊缝长度与焊件厚度的关系　　　　mm

焊件的厚度	定位焊缝长度	备注
<3.0	40～50	300 以内 1 处
3.0～25	50～70	300～500 内 1 处
≥25	70～90	250～800 内 1 处

定位焊后，应及时检查有无裂等缺陷，并清除熔渣。

焊件定位焊固定后，如果定位焊间隙大于 0.8～2mm 时，可先用焊条电弧焊封底，以防止自动焊时产生烧穿。如果间隙超过 2mm 时，应去掉定位焊缝，并进行修补。定位焊后的焊件，应尽快进行埋弧焊接。

5.8.2　引弧板和引出板

埋弧焊时，由于在焊接起始阶段工艺参数的稳定，并使焊道熔深达到要求，需要有个过程；而在焊道收尾时，由于熔池冷却收缩容易出现弧坑，影响焊接质量，甚至产生缺陷。因此，在非封闭焊缝的焊接时，常在接口两端分别采用引弧板和引出板。焊接结束后，将两板

用机械法去除。引弧板和引出板的厚度应与焊件相同，长度 100～150mm，宽度 75～100mm。

当焊接环焊缝时，应使焊道重叠一段再收弧。这样，既可保证引弧处焊透，又可避免收弧处产生弧坑，因此可不加引弧板和引出板。

 ## 5.9 常见焊接缺陷、产生原因和排除方法

埋弧自动焊时，常见焊接缺陷的种类、产生原因和排除方法如表 5-9。

表 5-9　埋弧自动焊常见焊接缺陷、产生原因和排除方法

缺陷性质	产生原因	排除方法
气孔	(1)坡口及附近表面有油 (2)焊剂潮 (3)回收的焊剂中有刷毛 (4)焊剂覆盖量不够,有空气侵入 (5)焊剂覆盖量太厚,使熔池中气体逸出后不能排出 (6)焊接电流大 (7)极性接反	(1)仔细清理表面.对坡口可用钢丝刷子或角向磨光机打磨 (2)在 200～300℃下烘干,保温 1h (3)清理焊剂 (4)、(5)使焊剂量适当 (6)减小电流 (7)调换极性
夹渣	(1)熔渣超前 (2)多层焊时,焊丝偏抽一侧,或电流小,熔渣夹在两焊道之间 (3)前层焊道清理不彻底 (4)组对间隙大,熔渣流入间隙中 (5)盖面层电压太高,熔渣卷入焊道	(1)放平焊件,或加快焊速 (2)焊丝对准焊缝中心 (3)层间注意清理熔渣 (4)保证组对间隙不大于 0.8mm (5)控制电压不要太高
咬边	(1)焊接速度太快 (2)电流与电压匹配不当 (3)平角焊时,焊丝偏于底板 (4)极性不对	(1)放慢焊速 (2)调整焊接电流 (3)调整焊丝 (4)改变极性
满溢	电流过大;焊速过慢;电压过低	调整工艺参数

续表

缺陷性质	产生原因	防止方法
烧穿	(1)电流过大 (2)焊速过慢或电压过低 (3)间隙过大	(1)减小电流 (2)控制电压和电流 (3)保证间隙
未焊透	(1)电流过小或电压低 (2)坡口不合理 (3)焊丝偏离中心线	(1)调整焊接参数 (2)修正坡口 (3)焊丝对准中心
裂纹	(1)焊材不匹配 (2)焊丝含硫量高 (3)焊接区冷却快,热影响区硬化 (4)焊缝形状系数小 (5)多层焊时,首层焊道太窄 (6)焊接顺序不合理 (7)焊件刚度大	(1)合理匹配焊材 (2)选用合格焊丝 (3)焊前预热 (4)调整焊接参数,改变坡口 (5)调整焊接参数 (6)合理安排顺序 (7)焊前预热
余高大	(1)电流过大或电压低 (2)上坡焊倾角大 (3)焊丝位置不对	(1)调整参数 (2)调整焊丝倾角 (3)确定焊丝位置
宽度不均匀	(1)焊速不均匀;焊丝送给不均匀 (2)焊丝导电不良	(1)消除故障 (2)更换导电嘴

5.10 埋弧自动焊操作练习

5.10.1 操作准备

① 焊接设备　MZ-1000 型埋弧自动焊机。

② 焊丝、焊剂　H08A 焊丝,直径 4mm;熔炼焊剂,431。

③ 练习焊件　低碳钢板,长 500mm、宽 150mm、厚 10～14mm,每组 2 块。引弧板和引出板,低碳钢板,长 100～150mm、宽 75mm、厚 14mm,每组 2 块。

④ 清焊根用具　硅整流电源、侧面送风式碳弧气刨枪、镀铜实

芯炭棒，直径 6mm；压缩空气接头等。其碳弧气刨外部线路连接如图 5-7 所示。

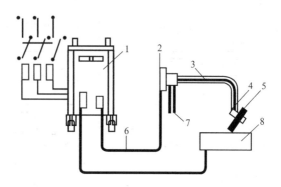

图 5-7 碳弧气刨机外部连接示意图

1—硅整流焊机；2—连接接头；3—风、电合一软管；

4—气刨枪；5—炭棒；6—电缆线；7—压缩空气管路；8—工件

⑤ 紫铜垫板　如图 5-8 所示，$a = 40 \sim 50\text{mm}$，$b = 16\text{mm}$，$r = 10\text{mm}$，$h = 4 \sim 5\text{mm}$，$c = 20\text{mm}$。

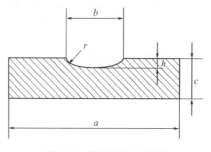

图 5-8　紫铜垫板示意图

5.10.2　操作要点

① 焊前检查　检查控制电缆线接头，是否连接妥当，有无松动现象。导电嘴是否有磨损，导电部分能否可靠压紧。焊机小车须空车调试检查各个按钮、旋转开关、电流表、电压表等是否正常工作。实

测焊车行走速度，检查离合器能否灵活接合及脱开等。

② 清理焊件、焊丝　焊件应清除油污、铁锈等，由于埋弧自动焊对焊缝根部表面的污物特别灵敏，所以应认真彻底清理，并要在装配定位焊之前进行，否则，无法清理干净。对于气割、定位焊后的熔渣，也要清理干净。如果焊件有锈蚀，需采用角向磨光机将焊缝两侧各 30mm 的范围内打磨光洁，以免影响焊接质量。焊丝要按顺序盘绕在焊丝盘内。

③ 焊剂烘干　焊剂中的水分在使用前，必须降到最低程度。因此，焊前要进行烘干。烘干的温度一般为 300℃±10℃，保温 1h，然后随用随取。

5.10.3　基本操作练习

（1）空车操作练习

接通控制电源（图 5-9），将小车上的"焊接、空载"按钮扳到"空载"位置上。

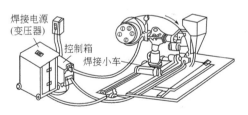

图 5-9　埋弧自动焊机工作情况示意

① 电流调节　分别按下"增大"或"减小"按钮，弧焊变压器中的电流调节器即应动作，通过电流指示器，可预知焊接电流的大致数值（正确的焊接电流值要在焊接时从电流表上读出）。

② 焊丝送进速度调节　分别按下焊丝"向上"或"向下"按钮，焊丝即可向上或向下运动，调节旋钮可改变送丝速度。

③ 调整焊车行走速度　按下离合器把手，将旋钮转到向左或向

右位置，焊车即可向前或向后行走，转动调节旋钮，即可改变焊车的行走速度。

(2) 引弧和收弧练习

① 准备　在焊件试板上，沿长度方向划一条粉线，作为焊接基准线。接通控制电源和焊接电源，调节焊接电流到预定数值。将控制盘上的"电弧电压"和"焊接速度"旋钮调节到预定位置。将焊车推到焊件上需要焊的部位，用焊丝"向上"、"向下"按钮调节焊丝，使焊丝与焊件接触（达到焊机头略有向上顶的趋势）。然后闭合离合器。将"空载-焊接"开关扳到焊接位置。行车方向开关扳到需要的焊接方向。将焊缝对准指示针，按焊丝同样位置对准需要焊接部位，指示针端部与焊件表面要留有 2~3mm 的间隙，以免焊接过程中与焊件碰撞。指示针比焊丝超前一定距离，以免受到焊剂阻挡，影响观察。由于指示针相对焊缝的位置，即是焊丝相对的位置，所以，指示针调好以后，在焊接过程中，不能再去碰动。否则会造成焊缝焊偏。最后打开焊剂阀门让焊剂堆满待焊部位，即可开始焊接。

② 引弧　按启动按钮，焊接电弧引燃，并迅速进入正常焊接过程。如果按启动按钮后，电弧不能引燃，焊丝将机头顶起，说明焊丝与焊件接触不良，需清理后重新引弧。

③ 收弧　按下停止按钮时，应分两步。先轻按，让焊丝停止送进；然后再按到底，切断电源。如果送丝和焊接电源同时切断，就会由于送丝电动机的惯性，继续送进一段焊丝，则将焊丝送进金属熔池中，发生焊丝与焊件粘住现象。当导电嘴低或电弧电压太高时，采用上述方法停止焊接，电弧可能返烧到导电嘴，甚至将焊丝与导电嘴熔化在一起。所以练习时，当焊接结束时，一只手放在停止按钮上，另一只手放在焊丝向上按钮上。先将停止按钮按到底，随即按焊丝向上按钮，将焊丝抽上来，避免焊丝粘在熔池内。

通过引弧练习，要求引弧成功率高，并且引弧点位置准确，收弧时不粘焊丝和烧坏导电嘴。

5.10.4　钢板平敷焊练习

将练习焊件垫空、放平，然后按以下工艺进行直线平敷焊练习：焊丝 H08A，直径 4mm，焊剂 431，焊接电流 640～680，电弧电压 34～38V，焊接速度 36～40m/h。

焊接过程中，应随时观察控制盘上的电流表和电压表的指针、导电嘴的高低、焊接方向、位置和焊缝成形。一般，电压表的指针是稳定的，容易从表盘上读出电压值。但电流表的指针往往是在一个小范围内波动，指针摆动范围的中心位置，是实际焊接电流的指示值。焊接时，如发现工艺参数有偏差或焊缝成形不良时，可根据需要进行调节：用控制盘上的"电弧电压"旋钮调节焊接电压；用控制盘上的焊接电源控制按钮调节"焊接电流"；用控制盘上的"焊接速度"旋钮调节焊接速度；用机头上的手轮调节焊嘴的高低；用小车前侧的手轮调节焊丝对准基准线的位置。但必须注意，进行这项调节时，操作者所站位置应与基准线对正，以防止偏斜。

观察焊缝成形时，应注意要等焊缝凝固并冷却后再除去渣壳。否则，焊缝表面会强烈氧化和冷却太快，对焊缝性能有不利影响。要随时注意焊件的熔透程度，可观察焊件背面的红热程度，8～14mm 厚的焊件，背面出现红亮颜色，则表明熔透良好。若红热状况没有达到上述现象，可适当增加焊接电流或其他参数。如发现焊件有烧穿现象时，应立即停弧，或适当加快焊接速度，也可减小焊接电流。焊接结束后，要及时回收未熔化的焊剂，清除表面的渣壳，检查焊缝成形和焊接质量。

通过平敷焊练习，要进一步掌握引弧和收弧的操作要领，以及焊接过程中灵活调整焊接工艺参数的技巧。

5.10.5　平对接直缝的埋弧自动焊接

（1）不开坡口平对接焊

采用厚度 10mm 的碳钢板，按图 5-10 所示进行装配定位焊。定位焊采用焊条电弧焊，E4303（J422）焊条，直径 4mm，焊接电流 180～210A，定位焊后，将焊件按图 5-11 所示架空焊接。

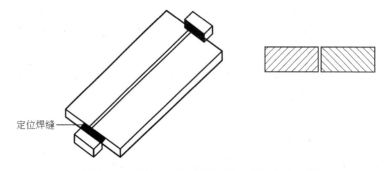

定位焊缝

图 5-10　不开坡口、不留间隙的对接平焊件示意

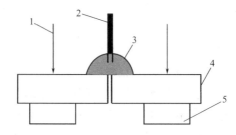

图 5-11　架空的焊件示意

1—压紧力；2—焊丝；3—焊剂；4—焊件；5—支承物

　　焊件架空焊时，不开坡口，不留间隙，装配定位焊后，接缝的局部间隙不应大于 0.8mm。进行埋弧焊时，第一道焊缝是关键，应保证不烧穿，故焊接工艺参数要小一些，一般，熔透深度达到焊件厚度的 40％～50％即可。而背面焊缝焊接时，电流要适当加大些，熔透深度为焊件的 60％～70％。对此，正面焊缝的工艺参数是：焊丝 H08A，直径 4mm；焊剂 431；焊接电流 440～480A；焊接速度 35～42m/h。背面焊缝的焊接电流 530～560A，其余参数可参照正面焊接工艺参数。正面焊完后，用碳弧气刨清焊根，并要刨出一定深度和宽度的刨槽坡口，如图 5-12 所示。

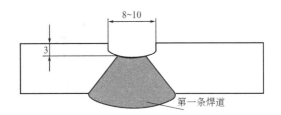

图 5-12 碳弧气刨坡口尺寸示意

碳弧气刨的主要工艺参数是：炭棒直径 6mm，刨削电流 280～300A。刨削时，要从引弧板的一端一直沿焊缝中心刨至引出板一端。碳弧气刨后，要彻底清除刨槽内和表面两侧的熔渣，并用角向磨光机打磨表面，方可进行背面的焊接。

进行架空焊接时，要注意观察背面焊缝的颜色变化，严格控制背面不焊漏。对于背面焊缝，要保证充分焊满。焊接过程中，焊丝要严格控制在焊缝中心上，不能焊偏。发现焊偏时，要及时调整。

（2）带垫板焊缝的焊接

焊接时将垫板置于对接焊缝的背面，通过正面焊缝的焊接，将垫板一起熔化，并与焊件连接在一起。这种焊法称为保留垫板焊法。因此，保留垫板的材料应与焊件一致。这种焊法适用于焊件结构形式或工艺装备限制，而无法实现单面焊双面成形的结构。这种对接接头形式如图 5-13 所示。

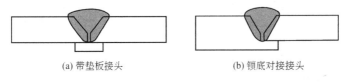

(a) 带垫板接头　　　　　　(b) 锁底对接接头

图 5-13 带垫板或锁底对接的接头形式示意

焊接带垫板焊件的要求如下：低碳钢垫板，长 650mm，宽45mm，厚 3mm；将垫板与焊件接触的贴合面上的油脂和铁锈除净，用 J422，4mm 的焊条定位焊，装配在如图 5-14 所示的组合件上。垫板与焊件定位焊后，贴合面的间隙不得大于 1mm，否则易产生焊瘤。

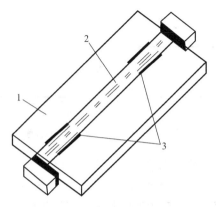

图 5-14　带垫板的焊件装配示意

1—焊件；2—垫板；3—定位焊缝

　　焊接时，垫板下不需再垫衬垫，可在悬空位置进行焊接。其焊接工艺参数是：焊丝直径 6mm，牌号 H08A；焊剂 431；焊接电流 1000A；电弧电压 35V，焊接速度 36～38m/h。

　　（3）不开坡口留间隙的对接缝焊接

　　焊件用 10mm 厚的碳钢板 2 块，以及引弧板和引出板，以 J422、直径 4mm 焊条，按图 5-15 进行定位焊，作为练习焊件。

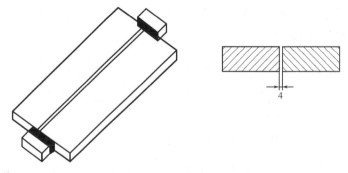

图 5-15　不开坡口留间隙的对接缝焊接示意

　　焊接时，采用焊剂-铜垫法，实现单面焊双面成形。单面焊双面成形，是指在各种不同的衬垫下，进行一次正面埋弧自动焊接，而达到背面同时焊透成形的焊接方法。根据背面衬垫的不同，分铜垫法、焊剂垫法、焊剂-铜垫法、热固化焊剂垫法等。

　　焊接前，将带槽铜垫和练习焊件按图 5-16 所示装配。装配时，铜垫须紧贴于焊件下方。同时，铜垫要有一定的厚度和宽度，其体积大小，应足够承受焊接时的热量，而不致熔化。

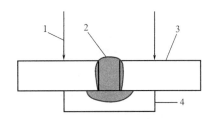

图 5-16　焊剂-铜垫法焊接装配示意

1—压紧力；2—预置的焊剂；3—焊件；4—铜垫

　　焊剂的敷设程度，直接影响着焊缝成形。如果焊剂敷设得太紧密，会出现图 5-17（a）所示的背面陷坑；若焊剂敷设得太松散，则会出现 5-17（b）所示的背面凸起现象。预埋焊剂的粒度，应采用每 25.4mm×25.4mm 为 10×10 眼孔的筛子过筛后使用。

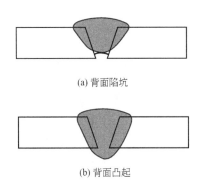

(a) 背面陷坑

(b) 背面凸起

图 5-17　焊剂-铜垫法焊接的背面缺陷示意

　　焊接时，采用的工艺参数如下：焊丝 H08A，直径 4mm，焊剂 431，焊接电流 680～700A，电弧电压 35～37V，焊接速度 28～32m/h。

焊接过程中，电弧在较大的间隙中燃烧，而使预埋在缝隙中和铜垫板上部的焊剂，与焊件一起熔化，随着焊接电弧的前移，离开焊接电弧的液态金属和熔剂逐渐凝固。在焊缝下方的金属表面与铜垫间也产生了一层渣壳，如图 5-18 所示。这层渣壳保护着焊缝金属背面不受空气影响，使焊缝表面保持着埋弧自动焊缝应有的光泽。

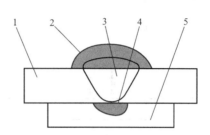

图 5-18　焊剂-铜垫法的焊缝成形示意

1—焊件；2—焊缝上面渣壳；3—焊缝金属；

4—焊缝下面渣壳；5—铜垫

（4）开坡口的厚板对接焊

焊件厚度为 40mm 的低碳钢板，焊接坡口选用正面 U 形背面 V 形的双面坡口，如图 5-19 所示。

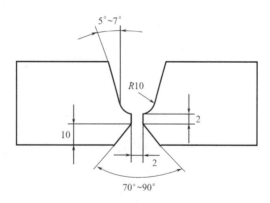

图 5-19　厚钢板对接的坡口示意

V 形坡口相当于封底焊接。这部分采用焊条电弧焊封底，工艺参数是：焊条 E4303（J422），直径 4mm，焊接电流 180～210A。

封底焊后，正面采用埋弧自动焊。工艺参数为：焊丝 H08A，直径 4mm，焊剂 431，焊接电流 600～700A，电弧电压 36～38V，焊接速度 25～29m/h。

在进行焊条电弧焊封底时，每焊一条焊道，应将焊渣清理干净，然后才能进行下一道焊接。焊条在焊接前必须进行烘干，以减少或消除焊缝中产生的气孔。盖面焊道的焊接，应先焊靠坡口两侧的焊道，后焊中间焊道，使焊缝表面形成圆滑过渡。

进行多道埋弧自动焊时，为使焊缝脱渣性好，焊缝表面圆滑，无咬边，在焊接每条焊道时，都要控制焊道形状，窄而成形好容易脱渣，同时，也不会产生咬边。

进行 U 形坡口的埋弧自动焊时，头两层焊道，每层可焊一条，焊丝对准焊缝中心。然后坡口增宽，可改为两条焊道。此时，焊丝边缘与相近一侧坡口边缘的距离，约等于焊丝直径，以控制焊缝成形和不产生咬边为准。当焊到一定高度时，坡口宽度增加，还可增加焊道数，直至焊满。

盖面层焊道的焊接，首先焊坡口边缘的焊道，后焊中心的焊道。这样既可以利用焊接加热的回火作用，改善焊缝接头热影响区的性能，同时，也使焊缝表面丰满圆滑。开始施焊前，应用钢丝刷子将 U 形坡口仔细刷一遍，并用干燥的压缩空气对准坡口底部吹净杂物。每一层焊完后，都要进行上述的清渣工序。

5.10.6　对接环缝的埋弧自动焊

（1）操作准备

① 伸缩臂式焊接操作机。

② 长轴式无级调速焊接滚轮架。

③ 焊件：圆筒与球形封头装配件（图 5-20），厚度 16mm，材料 16MnR。

④ 焊丝 H08MnA，直径 5mm；焊剂 SJ101。

⑤ 碳弧气刨设备及直径 8mm 的实心炭棒。

⑥ MZ-1000 型埋弧自动焊机。

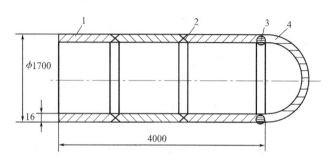

图 5-20　圆筒与球形封头装配焊件示意

1—筒节；2—环焊缝坡口；3—焊道；4—球形封头

（2）焊前准备

圆筒与球形封头的环焊缝，采用双面埋弧自动焊，筒体在滚圆前已经采用刨边机制备出直边坡口，保证边缘整齐。环焊缝装配时不留间隙，局部间隙不应大于 1mm。焊缝两侧边缘各 20mm 范围内，应采用角向磨光机打磨，清理干净。然后，用焊条电弧焊进行定位焊。装配时要保证焊口平齐，无错边。若错边量较大时，应进行修理。组装定位焊后，将筒体吊装到滚轮架上，接好焊接电缆，准备焊接筒体的内环缝。

（3）焊接

引弧前，要将焊丝位置调整到偏离筒体中心约为 30～40mm 处。使焊接熔池处于上坡焊的位置。其焊接工艺参数选择如下：焊接电流 700～750A；电弧电压 34～36V；焊接速度 30～32m/h。

焊接过程中，要注意观察工艺参数的稳定情况，防止烧穿。特别要注意焊丝不能偏离焊缝，要随时进行调节，不让焊丝偏离。

内环缝焊接完成后，从筒体的外侧进行碳弧气刨清根。刨槽深度约为 6～8mm，宽度为 10～12mm。碳弧气刨工艺参数如下：使用的炭棒为圆形实心炭棒，直径 8mm；刨割电流 300～350A，压缩空气压力 0.5MPa，刨割速度为 32～40m/h。

碳弧气刨后，要清除熔渣，并用角向磨光机打磨刨槽及两侧表面，去掉氧化皮，露出金属光泽。

焊接外侧时，焊丝要偏离中心约 35mm，相当于下坡焊的位置，其焊接工艺参数参照内侧环缝焊接的参数。

（4）焊缝质量要求

① 焊缝外观质量要求：焊缝成形尺寸应符合 JB 4709—2000 标准的规定，表面增强高度不大于 4mm；焊缝表面成形美观，无咬边、焊瘤等缺陷及明显的焊偏现象。

② 焊缝经 X 射线探伤检验，应符合 JB 4730.2 标准规定的 Ⅱ 级以上要求。

第6章

CO₂ 气体保护焊

CO₂ 气体保护焊是利用输送至熔池周围的 CO₂ 保护气体进行电弧焊接的一种方法。其焊接过程如图 6-1 所示。

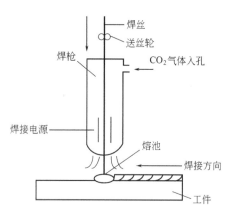

图 6-1　CO₂ 气体保护焊焊接过程示意

CO₂ 气体保护焊，有细丝（0.5～1.2mm）和粗丝（≥1.6mm）两种；有自动和半自动之分。

CO₂ 气体保护焊与埋弧自动焊、焊条电弧焊相比较，具有以下优点：电弧热量集中、生产效率高、焊件变形小，对油、锈等敏感性小，焊缝的含氢量低，容易形成短弧过渡，可用于各种位置的焊接；

对焊件结构的适应性强；由于明弧焊接，容易对准焊件的接缝。CO₂ 气体价格便宜，生产成本低，便于推广应用。

 6.1 **CO₂ 气体保护焊设备及功能**

CO₂ 气体保护焊机是由焊接电源、焊丝送给系统（送丝系统）、焊枪、供气系统和控制系统等几个部分组成。

6.1.1　焊接电源

CO₂ 气体保护焊的焊接电源大都采用直流，并要求电源具有平硬的外特性。目前，电源大都是选用逆变式直流电源，它的特点是体积小、重量轻，性能稳定和效率高，节能显著，运行可靠，无噪声，所以得到了广泛的推广应用。

6.1.2　送丝系统

（1）对送丝的要求

送丝要保证均匀、平稳，送丝速度能在一定范围内无级调节，以满足不同直径焊丝及焊接工艺参数的要求。通过送丝滚轮的焊丝，不能扭曲变形，以减小送丝阻力。其送丝系统的结构应简单、轻便、动作灵活，维修方便。

（2）送丝方式

CO₂ 气体保护半自动焊的送丝形式有三种：推丝式、推拉丝式和拉丝式，如图 6-2 所示。

① 推丝式　推丝式送丝系统如图 6-2（a）所示。焊丝由送丝轮推入送丝软管，再经焊枪上导电嘴送至焊接电弧区。其特点是结构简单、重量轻、使用灵活方便，广泛用于直径 0.5～1.2mm 的细焊丝。

② 拉丝式　拉丝式送丝系统如图 6-2（b）所示。它的特点是把

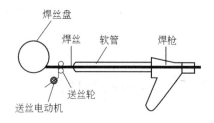

(a) 推丝式

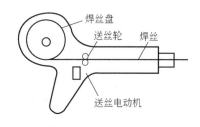

(b) 拉丝式

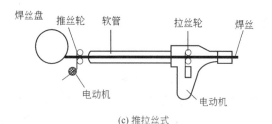

(c) 推拉丝式

图 6-2 三种送丝形式示意

送丝电动机、减速箱、送丝轮、送丝软管和焊丝盘都装在焊枪上，结构紧凑。这种焊枪活动范围大，但比较笨重，一般用于细丝的焊接。

③ 推拉丝式 推拉丝式送丝系统如图 6-2（c）所示。它的送丝是由安装在焊枪内的拉丝电动机和送丝装置内的送丝电动机同步完成的。同时，两者的焊丝送给力始终一致。采用这种方式，其软管可长达 20～30m，但维修比较困难，所以使用较少。

（3）送丝系统的结构形式

送丝系统由送丝电动机和调速器、送丝轮、软管、焊枪和焊丝盘等组成。

① 电动机和减速器　目前普遍使用的是微型直流电动机，功率一般为 30～80W。减速器可进行无级调速。

② 送丝轮　送丝轮直径一般为 30～40mm，直径太小，会减少焊丝和压轮之间的接触面，从而减小摩擦力；直径太大，电动机在低速运转时，不能发挥功率。送丝轮表面硬度一般为 50～55HRC。

③ 送丝软管　它是输送焊丝的通道。对软管的要求是内径大小要均匀一致，当焊丝通过时，摩擦阻力要小，并应有较好的挺度和弹性。

送丝软管要定期进行保养，当使用一定时间后，应放入汽油槽内进行清洗以减小送丝阻力。

6.1.3　焊枪

焊枪的作用除导电外，同时还是导送焊丝和输送 CO_2 气体的部件，以保护焊接过程正常进行。

（1）对焊枪的要求

CO_2 气体保护半自动焊枪，应能在熔池和电弧周围形成保护良好的气流，无紊流现象，焊丝通过顺畅，摩擦阻力小，冷却效果好；手把握持舒适、方便；易损件更换方便；轻巧、结实耐用。

（2）喷嘴和导电嘴

喷嘴是焊枪的重要组成部分。一般为圆柱形，不宜采用圆锥形或喇叭形，以利于 CO_2 气体层流的形成，防止气流紊乱。喷嘴的孔径一般在 12～25mm 之间，当粗丝焊时，可增加到 40mm。喷嘴材料应选用导电性好、表面光滑的金属，防止飞溅的金属颗粒黏附和容易清除。

导电嘴的孔径及长度与焊接质量密切相关。孔径过小，送丝阻力大；孔径过大，焊丝在孔内接触位置不固定，当焊丝伸出导电嘴后，形成的偏摆度大，致使焊缝宽窄不一。严重时会使焊丝与导电嘴间起弧，发生黏结或烧损。因此，导电嘴的孔径（D）应根据焊丝直径（d）来确定。其关系为：

$$D = d + (0.1 \sim 0.3\,\text{mm}) \quad (\text{当 } d < 1.6\,\text{mm 时})$$

$$D = d + (0.4 \sim 0.6\,\text{mm}) \quad (\text{当 } d < 2 \sim 3\,\text{mm 时})$$

焊丝伸出导电嘴的长度，一般细丝为 25mm；粗丝为 35mm 左右。

6.1.4 供气系统

它使 CO_2 气瓶中的 CO_2 液体，通过供气系统变为质量符合要求，并具有一定流量的气态 CO_2。供气系统包括 CO_2 气瓶、预热干燥器、减压器、流量计及气阀等。

预热干燥器的功能，是防止气瓶阀和减压器冻结而阻塞气路。因为焊接用的 CO_2 气体，是由气瓶中的液态 CO_2 挥发而成的，挥发过程中要吸收大量的热，使气体温度下降。所以在减压前要先预热。预热干燥器的功率一般为 $70 \sim 100\text{W}$。

干燥器的功能是吸收 CO_2 气体中的水分。干燥器由高压和低压两部分组成，高压在减压器之前，低压在减压器之后。

减压器的功能是将高压的 CO_2 气体变为低压气体，并保证气体的压力在供气过程中稳定。一般 CO_2 气体的工作压力为 $0.1 \sim 0.25\text{MPa}$。

流量计用于测量流量，其流量调节范围有 $0 \sim 15\text{L/min}$ 和 $0 \sim 30\text{L/min}$ 两种，可根据需要选用。

气阀是控制保护气通、断的元件，分机械式和电磁式两种。

6.1.5 控制系统

在 CO_2 气体保护焊过程中，对焊接电源、供气、送丝等系统，按程序进行控制。自动焊时，还要控制焊接小车行走和焊件的运转等。对供气系统的控制要分三步进行：第一步提前气 1～2s，然后引弧；第二步焊接，控制均匀送气；第三步收弧，滞后断气 2～3s，以便在金属熔池凝固过程中，维持 CO_2 气体的保护气氛。

6.2　CO₂ 气体保护焊的操作程序

6.2.1　焊前准备

闭合电源开关，电源变压器带电，控制指示灯亮，表明焊丝送给机构、电源保护电路、控制电路进入正常工作状态。

闭合 CO_2 气体预热干燥器的开关，预热干燥器开始对气体进行预热。此时应特别注意焊枪或焊丝不要碰及焊件（在调整焊丝时离开焊件要远一些），扣动枪机，打开焊枪上的气阀机械开关，调整保护气流量，按下焊枪上的送丝开关，送丝电动机正转。同时，焊接电源接通。再按下另一开关，焊丝电动机反转，焊丝回抽。这样，即可进行焊丝调整。最后，合上电源控制箱上的空载电压检视开关，选择空载电压值，调整好后，关闭空载电压检视开关。此时，焊机处于准备焊接状态。

6.2.2　焊接

按下焊枪上的扳机，打开气阀，提前送气。经 1～2s 后，继续扣动扳机，使焊接启动按钮闭合，接通焊接电源，焊丝送出，焊接指示灯亮。此时，焊丝与焊件接触短路，电弧引燃，焊机进入正常工作状态。

6.2.3　焊接停止

松开焊枪上的扳机，焊丝停止送进，电弧熄灭，焊接过程结束，但要继续保护熔池，经过一定时间后，再将焊枪全部松开，关闭送气阀，停止送气。

6.2.4 CO_2 气体保护半自动焊机使用

① 初次使用 CO_2 气体保护半自动焊机，应在有关技术人员指导下进行操作练习。

② 严禁焊机电源短路。

③ 焊机应在室温低于 40℃，相对湿度不超过 85％，无有害气体和易燃、易爆气体条件下使用。

④ CO_2 气瓶不得靠近热源。

⑤ 焊机接地必须良好、可靠。

⑥ 焊枪不得放在焊机上。

⑦ 经常检查焊丝送进机构，保持运转正常。

⑧ 经常检查导电嘴磨损情况，及时更换。

⑨ 定期检查送气软管，防止产生漏气现象。

⑩ 操作人员工作结束后或离开现场时，要切断电源，关闭气阀和水源。

6.2.5 CO_2 气体保护半自动焊机常见故障及排除方法

CO_2 气体保护半自动焊机的常见故障及排除方法见表 6-1。

表 6-1 CO_2 气体保护半自动焊机的常见故障及排除方法

故障性质	可能产生原因	排除方法
丝送给不均匀	(1)送丝轮压紧力不够 (2)送丝轮磨损 (3)焊丝弯曲 (4)导电嘴内孔过小	(1)调解送丝轮压力 (2)换新件 (3)校直 (4)换新件
送丝电动机不转	(1)电动机励磁线圈或电枢导线断路 (2)炭刷或换向器接触不良	(1)更换励磁线圈电枢导线 (2)调整弹簧对炭刷压力

续表

故障性质	可能产生原因	排除方法
焊接电压低	(1)网路电压低 (2)三相电源断相,可能有单相保险丝断或硅整流元件烧坏 (3)三相变压器缺相 (4)接触器单相不供电 (5)分挡开关导线脱焊	(1)转动分挡开关使电压上升 (2)更换新元件 (3)查出原因并排除 (4)修理接触器触点 (5)查出脱焊处并焊好
焊接过程中熄弧或焊接参数波动大	(1)导电嘴引弧后烧坏 (2)焊丝弯曲大,送不出 (3)焊接工艺参数不合理 (4)焊接电缆松动 (5)导丝管损坏 (6)导电嘴内孔过大	(1)换新件 (2)校直焊丝 (3)调整焊接工艺参数 (4)焊牢或紧固电缆 (5)换新件 (6)更换导电嘴
未按送丝按钮红灯亮导电嘴碰焊件短路	交流接触器触点常闭	更换或修理接触器

 ## 6.3　CO₂ 气体保护焊用材料

6.3.1　焊丝

由于 CO_2 气体保护焊时，CO_2 气体对熔池有一定的氧化作用，使金属熔池中的合金元素烧损，而且容易产生气孔、飞溅。因此，为防止气孔产生，补偿合金元素烧损，要求焊丝成分中含有一定数量的脱氧元素，如锰、硅等，其含碳量要低，一般应小于 0.1%。

常用的焊丝牌号及化学成分见表 6-2。

表 6-2 焊丝牌号及化学成分

焊丝牌号	合金元素含量/%						用　途
	C	Si	Mn	Cr	S	P	
H08MnSi	≤0.1	0.7~1.0	1.0~1.3	≤0.2	<0.03	<0.01	低碳钢、低合金钢
H08MnSiA	≤0.1	0.6~0.85	1.4~1.7	≤0.2	<0.03	<0.035	
H08Mn2SiA	≤0.1	0.7~0.95	1.8~2.1	≤0.2	<0.03	<0.035	低合金高强钢

CO_2 气体保护焊时，选用焊丝要根据焊件材料的性能和有关质量要求而定。对于 CO_2 气体保护半自动焊，主要采用细丝，常用的直径有 0.5mm、0.8mm、1.0mm、1.2mm 等几种。

6.3.2 气体

进行 CO_2 气体保护焊时，CO_2 气体的作用是有效地保护电弧和金属熔池不受空气侵袭。由于 CO_2 气体具有氧化性，所以焊接过程中，产生氢气孔的机会较少。

供焊接用的 CO_2 气体，通常是以液态装入钢瓶中，钢瓶的容量为 40L，可装液体 $CO_2$26kg，约占 CO_2 气瓶容量的 80%。CO_2 由液态转变为气态的沸点很低（−78℃）。故在常温下，钢瓶中的 CO_2 就有一部分汽化为气体。钢瓶中的 CO_2 气体压力与温度有关。在 0℃时气体压力为 3.5MPa；温度到了 30℃时，气体压力可达 7.2MPa，因此，CO_2 气瓶的放置，应远离热源和避免在烈日下暴晒，以免发生爆炸。另外，不能利用瓶口的压力来估算 CO_2 气瓶内的气体储存余量，只能用称钢瓶重量的方法来推算。

为了减少瓶内水分及空气的含量，提高 CO_2 气体的纯度，一般可采取以下措施。

① 在温度高于−11℃时，液态 CO_2 气比水密度小，所以可将气瓶倒置，静立 1~2h 后，打开瓶口气阀放水 2~3 次。

② 使用前打开气阀，放掉瓶口纯度低的气体。

③ 在焊接气路中串接干燥器，以进一步减少水分。

6.4 **CO₂ 气体保护焊工艺参数**

　　CO_2 气体保护焊的工艺参数，主要包括焊丝直径、焊接电流、焊接速度、电弧电压、焊丝伸出长度、电源极性和回路电感等。

　　(1) 焊丝直径

　　焊丝直径的选择可按表 6-3 进行。

表 6-3　不同焊丝直径的适用范围　　　　　　mm

焊丝直径	熔滴过渡形式	焊件厚度	焊缝位置
0.5～0.8	短路过渡 颗粒过渡	1.0～1.5 2.5～4	全位置 水平位置
1.0～1.4	短路过渡 颗粒过渡	2.0～8.0 2.0～12	全位置 水平位置
1.6	短路过渡	2.0～12	水平、立、横、仰
≥1.6	颗粒过渡	≥6	水平

　　(2) 焊接电流

　　根据焊丝直径的大小与熔滴过渡形式，不同焊丝直径的焊接电流选择见表 6-4。

表 6-4　不同焊丝直径的焊接电流选择范围

焊丝直径/mm	焊接电流/A	
	颗粒过渡	短路过渡
0.8	150～250	50～160
1.0	200～300	100～175
1.6	350～500	100～180
2.4	500～750	150～200

（3）焊丝伸出长度

它是指从导电嘴到焊丝端头的距离，以符号 L_{sn} 表示，可按下式进行计算：

$$L_{sn} = 10d$$

式中　　d——焊丝直径，mm。

如果焊接电流取上限值，焊丝伸出长度可适当增大。

（4）电弧电压

通常，细丝焊接时，电弧电压为 16～24V；粗丝焊接时，电弧电压为 5～36V。采用短路过渡的电弧电压与焊接电流，有一个最佳配合范围，见表 6-5。

表 6-5　短路过渡的电弧电压与焊接电流的关系

焊接电流/A	电弧电压/V	
	平焊	立焊、仰焊
75～120	18～21.5	18～19
130～170	19.5～23.0	18～21
180～210	20～24	18～23
220～260	21～25	—

（5）电源极性

CO_2 气体保护焊时，主要采用直流反极性。焊接过程稳定，飞溅小。而直流正极性焊接时，熔化速度快，熔深小，余高大，飞溅也较多。

（6）回路电感

根据焊丝直径、焊接电流大小、电弧电压高低来选择。不同的焊丝直径选用的电感量见表 6-6。

表 6-6　不同焊丝直径对应的电感量

焊丝直径/mm	0.8	1.2	1.6
电感量/mH	0.01～0.08	0.01～0.16	0.3～0.7

（7）焊接速度

针对焊件材料的性质和厚度来确定焊接速度。一般，半自动焊时，焊接速度在 $15\sim40$m/h 范围内；自动焊时，在 $15\sim30$m/h 范围内。

（8）气体流量

不同的接头形式、焊接工艺参数及作业条件，对气体流量都有不同的影响。通常，细丝焊时，气体流量为 $8\sim15$L/min；粗丝则达到 25L/min。

总之，确定焊接工艺参数的程序，是根据板厚、接头形式、焊接操作位置等条件，确定焊丝直径和焊接电流。同时，考虑熔滴过渡形式，确定其他参数。最后还应通过工艺评定试验，满足焊接过程稳定、飞溅小、成形美观，没有烧穿、咬边、气孔、裂纹等缺陷，充分焊透等要求，才为合格的焊接工艺参数。

6.5 接头坡口尺寸及组装间隙

由于 CO₂ 气体保护焊时，有颗粒过渡和短路过渡两种形式，所以，对坡口的要求也不一样。

颗粒过渡时，电弧穿透力强，熔深大，容易烧穿，坡口的角度应开得小一些；钝边也适当大些。装配间隙要求严格，对接的间隙不能超过 1mm。对于直径 1.6mm 的焊丝，钝边可以留 $4\sim6$mm，坡口角度可在 45℃ 左右。

短路过渡时，熔深小，因此钝边应减小，也可以不留钝边，间隙可稍大些。对焊缝质量要求较高时，装配间隙应不大于 1.5mm，根部上、下错边，允许为 ±1mm。

CO₂ 气体保护半自动焊的坡口精度，虽然不像自动焊要求那么严格，但精度较差时，也容易产生烧穿或未熔合。因此，必须注意坡口的精度。若加工精度太差时，应进行修磨或重新加工。

常见缺陷及产生原因

① 气孔　当焊丝或焊件有油、锈等杂物时，焊丝内的硅、锰含量不足；CO_2 气体保护不良（由于气体流量低、阀门冻结、喷嘴阻塞或风大时），气体纯度较低时，容易产生气孔。

② 裂纹　当焊丝或焊件有油、锈等杂物或电流、电压配合不当，使熔深过大，母材与焊缝金属含碳较高；多层焊第一道焊缝过小，焊接顺序不合理，使焊件产生较大的拘束应力时，会产生裂纹。

③ 咬边　当电弧太长、电流过大、焊速过快或焊枪位置不对时，容易产生咬边。

④ 夹渣　前一层焊缝清理不干净，电流小、焊速低时，熔敷金属过多，在坡口内进行左焊法，焊接熔渣流到前面，焊丝摆动过大等，容易发生夹渣。

⑤ 飞溅严重　由于短路过渡时，电感量过大或过小、焊接电流和电弧电压配合不当、焊丝或焊件清理不良等，可引起飞溅。

⑥ 焊缝成形不良　由于焊丝未校直，导电嘴磨损而引起电弧摆动，焊丝伸出较长、焊接速度过低，使焊缝成形不良。

⑦ 烧穿　焊接电流大、焊接速度慢、坡口间隙过大等，容易引起烧穿。

 CO_2 气体保护焊基本操作

6.7.1　操作准备

① 设备　NBC1-300 型 CO_2 气体保护焊机；CO_2 气瓶；301 型浮子式气体流量计；QD-2 型减压器；一体式预热干燥器（功率

$100 \sim 120W$）。

② 练习焊件　低碳钢板，长 250mm，宽 20mm，厚度 10mm；每组 2 块。

③ 焊丝 H08MnSi，直径 1.2mm。

④ CO_2 气体，纯度为：$CO_2 > 99.5\%$，$O_2 > 0.1\%$，$H_2O > 1 \sim 2g/m^3$。

⑤ 焊丝盘绕　将烘干后的焊丝按顺序盘绕至焊丝盘内，以免使用时发生缠绕，影响正常焊接。

⑥ CO_2 气体保护焊设备，尤其是控制线路比较复杂，如果焊接过程中机械或电气部分出了故障，就不能进行正常焊接。因此，对焊机要进行经常性的检查和维护。尤其在焊前，要着重进行以下各项检查。

a. 送丝机构。是最容易出故障的地方。送丝轮是否压紧、焊丝与导电嘴接触是否良好、送丝软管是否畅通等都要仔细检查。

b. 焊枪喷嘴的清理。CO_2 气体保护焊的飞溅较大，所以，喷嘴一经使用，必然粘上许多飞溅的金属，这会影响 CO_2 气体保护焊的效果。为防止飞溅的金属粘到喷嘴上，可在喷嘴上涂硅油，或者采用机械方法清除掉。

c. 为了保证继电器触点接触良好，焊接之前要检查触点。及时修好损坏触点，并经常除尘，保持清洁。

6.7.2　操作要领

① CO_2 气体保护焊时，对焊件的清洁度，要比焊条电弧焊要求严格。为了获得良好的焊接质量，焊前应对焊件表面的油、锈、水分等进行仔细清理。

② 定位焊采用 CO_2 气体保护焊进行。定位焊间距，根据板材厚度和焊件的结构形式而定。一般定位焊缝长度为 $30 \sim 50mm$，间距以 $100 \sim 300mm$ 为宜。

6.7.3 平敷焊练习

焊件采用长 250mm，宽 120mm，厚 10mm 的低碳钢板，1 块。用划针沿钢板长度方向上划线（焊道基准线），然后按以下工艺参数进行平敷焊练习。

焊丝：　　　　　　H08MnSiA，直径 1.2mm；

焊接电流：　　　　130～140A；

电弧电压：　　　　22～24V；

焊接速度：　　　　18～30m/h；

CO_2 气体流量：　　10～12L/min。

（1）操作姿势

根据焊件高度，身体呈站立或下蹲姿势，上半身稍有前倾，脚要站稳，肩部用力使臂膀抬至水平。右手握焊枪，但不要握得太紧，要自然，并用手控制枪柄上的开关。左手持面罩，准备焊接。

（2）引弧

采用直接短路法引弧。由于电弧空载电压低，引弧比较困难。引弧时，焊丝与焊件不要接触太紧，如果接触太紧或接触不良，都会引起焊丝成段烧断。为此，引弧前要求焊丝端头与焊件保持 2～3mm 的距离。还要注意剪掉粗大的焊丝球状端头。因为球状端头等于加粗了焊丝直径，并在球状端头表面形成了一层氧化膜，对引弧不利。为了清除未焊透、气孔等引弧缺陷，对接焊缝应采用引弧板。或在距板材前端 2～4mm 处引弧，然后慢慢引向焊件端头，待焊缝金属熔合后，再以正常焊接速度前进。通过引弧练习，做到引弧准确，建立电弧稳定，燃烧过程快。

（3）焊丝直线运动焊接法

直线运动焊丝是焊丝不摆动，焊出的焊道稍窄。起焊端，在一般情况下，焊道要高些，而熔深要浅些。因为焊件正处于较低的温度，这样会影响焊缝的强度。为了克服这一点，可采取一种特别的移动方法，即在引弧之后，先将电弧稍微拉长一些，以达到对焊道端部预热的目的；然后再压低电弧，进行起始端的焊接。这样可以获得有一定熔深和成形比较整齐的焊道，如图 6-3 所示。

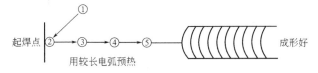

图 6-3　起始端运丝方法示意

采用短路过渡焊接，对直径 1.2mm 的焊丝，要严格控制电弧电压不要大于 24V，否则容易产生熔滴自由飞落，形成颗粒状过渡。这样，电弧会不稳定，飞溅将增加，焊道成形变差。维持稳定的短路过渡，则焊道成形美观。

引弧并使焊道的起始端充分熔合后，要使焊丝保持一定的高度和角度，并以稳定的速度向前移动。

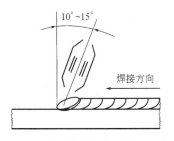

图 6-4　带有前倾角的左焊法示意

根据焊丝的运动方向，有右焊法和左焊法。采用右焊法时，熔池能得到良好的保护，且加热集中，热量可以充分利用，并由于电弧的吹力作用，将熔池金属推向后方，可以得到外形比较丰满的焊缝。但右焊法不易准确掌握焊接方向，容易焊偏，尤其是对接焊缝更为明显。而采用左焊法时，电弧对焊件金属有预热作用，能得到较大的熔深，焊缝形状得到改善。采用左焊法时，虽然观察熔池困难，但能清楚地掌握焊接方向，不易焊偏。一般 CO_2 气体保护半自动焊，都采用带有前倾角的左焊法，其前倾的角度为 $10°\sim15°$，如图 6-4 所示。

一条焊道焊完后，应注意将收尾处的弧坑填满。如果收尾时立即断弧，则会形成焊件表面弧坑。过深的弧坑会降低收尾处的焊缝强度，并容易造成应力集中而产生裂纹。焊接时，由于采用了细丝CO_2气体保护焊短路过渡焊接，其电弧长度短，弧坑较小，不需进行专门处理，只要按焊机的操作程序收弧即可。若采用粗丝大电流焊接（直径大于1.6mm），并使用长弧时，由于电流及电弧吹力都较大，如果收弧过快，就会产生弧坑缺陷。所以，收弧时应在弧坑处多停留片刻，然后缓慢地抬起焊枪，在熔池凝固前必须继续供气。

焊道接头一般采用退焊法，其操作要领与焊条电弧焊接头法相似。

(a) 锯齿形摆动

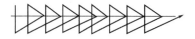

(b) 三角形摆动

(c) 斜圆圈摆动

图6-5　CO_2气体保护焊的焊枪摆动方式示意

（4）横向摆动和往复摆动焊接法

CO_2气体保护焊时，为了获得较厚的焊缝，往往采用横向摆动运丝法。这种运丝方法是沿焊接方向，在焊缝中心线两侧交叉摆动。结合CO_2气体保护半自动焊的特点，有锯齿形、正三角形、斜圆形等几种摆动方式，如图6-5所示。

横向摆动运丝角度和起始端的方法与直线焊接时运丝时的一样。横向摆动运丝法有以下基本要求：

① 运丝时以手腕作辅助，用手臂操作为主，掌握和控制运丝

角度。

② 左右摆动的幅度要一致，若不一样时，会出现熔深不良现象。但 CO_2 气体保护焊的摆动幅度要比焊条电弧焊时小一些。

③ 锯齿形摆动时，为了避免焊缝中心过热，摆动到中心时，要加快速度，而到两侧则应稍停一下。

④为了降低熔池温度，避免铁水漫流，有时，焊丝可以做小幅度的前后摆动。进行这种摆动时，也要注意摆动均匀，并控制向前移动焊丝的速度也要均匀。

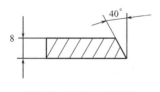

图 6-6　坡口尺寸示意

6.7.4　开坡口水平对接焊

练习用的焊件采用低碳钢板，厚度 8mm，长度为 250mm。首先用机械方法，按图 6-6 所示的尺寸加工出 V 形坡口。然后采用直径 4mm 的 E4303 焊条，以 180～210A 的焊接电流，用焊条电弧焊将两块焊件及焊缝背面的垫板装配到一起。垫板尺寸为：长 300mm、宽 100mm、厚 2mm。其装配定位焊的形式如图 6-7 所示。

水平对接焊练习时，采用如下工艺参数。

焊丝：　　　　　H08MnSiA，直径 1.2mm；

焊接电流：　　　130～160A；

电弧电压：　　　22～24V；

焊接速度：　　　14～28m/h；

CO_2 气体流量：　15L/min。

焊接采用左焊法。焊丝中心线前倾角为 10°～15°。第一层焊时，采用直线移动运丝法进行焊接。之后各层采用锯齿形摆动运丝法焊

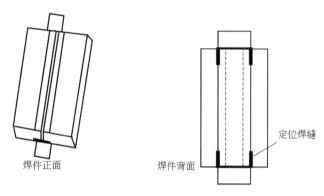

焊件正面　　　　　焊件背面　　　　定位焊缝

图 6-7　焊件装配定位焊示意

接。焊到最后层的前一层焊道时，焊道应比焊件的金属表面低 0.5～1.0mm，以免坡口边缘熔化，导致盖面层焊道产生咬边或焊道偏离现象。

　　当焊接薄板时，焊丝只能做直线运动，以避免烧穿。对于多层焊，要防止夹渣、气孔和未熔合等缺陷。发现缺陷应采取措施排除，以保证焊接质量。为了减少变形，在焊接过程中，可采用分段焊法。

6.7.5　T形接头和搭接接头的焊接

　　T形接头的定位焊如图 6-8 所示。

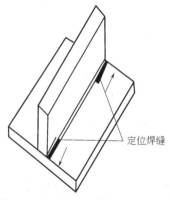

定位焊缝

图 6-8　T形接头焊件的定位焊示意

焊接练习时，采用焊丝 H08MnSiA，直径 1.2mm，其焊接工艺参数见表 6-7。

表 6-7　T 形接头焊件的工艺参数

焊接层次	焊接电流 /A	电弧电压 /V	焊接速度 /(cm/s)	气体流量 /(L/min)	焊脚尺寸 /mm
第一层	180～200	22～24	0.5～0.8	10～15	6～6.8
其余各层	160～180	22～24	0.4～0.6	10～15	6～6.5

进行 T 形接头焊接时，极容易出现咬边、未焊透、焊缝下垂等现象。为了防止产生这些缺陷，在操作时，除了正确执行焊接工艺参数外，还要根据板厚和焊脚尺寸来控制焊丝的角度。不等厚度焊件的 T 形接头平角焊时，要想让电弧偏向厚板以使两板加热均匀，应按图 6-9 所示进行焊接。

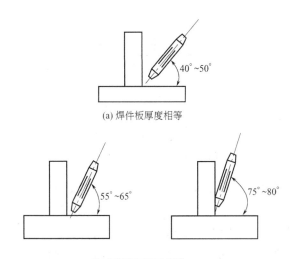

(a) 焊件板厚度相等

(b) 焊件板厚度不相等

图 6-9　T 形接头焊接的焊条角度示意

对于焊件板厚度相等的 T 形接头焊接时，一般，焊丝与水平板的夹角为 40°～50°，当焊脚尺寸在 5mm 以下时，可按图 6-10 中的 *a*

位置所示，将焊丝指向夹角处。如果焊脚尺寸在 5mm 以上时，可将焊丝水平移开，离夹角处 1～2mm。这时，可以得到焊脚等厚度的焊缝，按图 6-10 中的 b 位置所示，否则，容易造成垂直板产生咬边、水平板则产生焊瘤缺陷。焊丝的前倾角为 10°～25°，如图 6-11 所示。

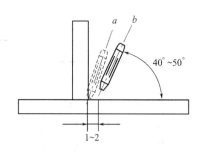

图 6-10　T 形接头平角焊时焊丝的位置示意

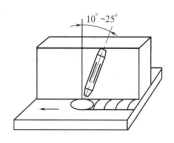

图 6-11　焊丝的前倾角示意

焊脚尺寸小于 8mm 时，有可采用单层焊。焊脚尺寸小于 5mm时，可用直线移动法和短路过渡法直行匀速焊接。焊脚尺寸在 5～8mm 之间时，可采用斜圆圈运丝法直行施焊，如图 6-12 所示。

其运丝要领，可参照焊条电弧焊 T 形接头平角焊时斜圆圈运条方法进行。即 a→b 慢速，保证水平板有足够的熔深，并且能充分焊透；b→c 稍快，防止熔化金属下淌；c 处稍作停留，保证垂直板的熔深，并要注意防止咬边现象产生；c→d 稍慢，保证根部焊透和水平板熔；d→e 稍慢，在 e 处停留。

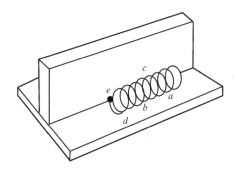

图 6-12　T 形接头平角焊时斜圆圈运丝示意

　　焊脚尺寸为 8～9mm 时，焊缝可用两层两道焊，第一层用直线移动运丝法施焊，电流偏大，以保证熔深；第二层电流稍小些，用斜圆圈形左焊法焊接。

　　焊脚尺寸大于 9mm 时，仍采用多层多道焊，其焊接层数参照焊条电弧焊的角焊缝多层焊方式直行焊接。但采用横向摆动时，第一道（或第一层）采用直线移动运丝法焊接，第二层及以后各层可采用斜圆圈和直线移动运丝交叉进行焊接。

　　注意，无论多层多道焊或者是单层单道焊，在操作中必须使每层的焊脚在该层中从头至尾保持一致，保证均匀美观。起始端和收尾端操作要领与水平位置的焊接一样。

　　另外，搭接接头的角焊缝，如上下板厚度不等，焊丝应对准的位置也有区别。当上板的厚度较薄时，对准 a 点；上板的厚度较厚时，对准 b 点，如图 6-13 所示。

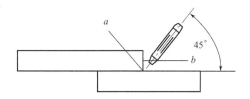

图 6-13　搭接焊缝的焊丝位置示意

6.7.6 立焊

CO_2 气体保护焊的立焊有两种方式：一种是自下而上的向上立焊；另一种是自上而下的立焊，即向下立焊。焊条电弧焊因为向下立焊时需要专门的向下焊条，才能保证焊道成形，故经常采用向上立焊的方法。而 CO_2 气体保护焊，若采用细丝短路过渡（即短弧）焊时，取向下立焊能获得较好的焊接效果。此时，焊丝应向下倾斜一个角度，如图 6-14 所示。

因向下立焊时，CO_2 气流也有承托熔池金属的作用，使焊缝金属不会下坠，而且操作十分方便，焊道成形也很美观，但熔深较浅。此时，CO_2 气流量应比平焊时增大些。焊丝直径在 1.6mm 以下，焊接电流在 200A 以下。

如果像焊条电弧焊一样，取向上立焊，就会因铁水的重力作用，熔池金属下淌，又加上电弧的吹力作用，使熔深更增加，焊道窄而高，故一般不采用这种方法。

若采用直径 1.6mm 或更大的焊丝，采用滴状过渡，而不用短路过渡方式焊接时，可取向上立焊。为了克服熔深大、焊道窄而高的缺点，宜采用横向摆动送丝法，但电流要取下限值，可用于较大的焊件的焊接。

立焊的送丝方法有直线运丝法和横向摆动运丝法。直线运丝法适用于薄板对接的向下立焊，向上立焊的开坡口对接焊的第一层和 T 形接头立焊的第一层。

向上立焊的多层焊，一般在第二层以后即采用横向摆动运丝法。为了获得较好的焊道成形，多采用正三角形摆动运丝法向上立焊的多层焊。

立焊操作难度较大，必须加强操作练习。首先是反复练习直线运丝法，进而再练习横向摆动运丝法直行向下立焊，并用三角形运丝法直行向上立焊。操作练习时，采用直径 1.2mm 的 H08MnSi 焊丝，其工艺参数见表 6-8。

表 6-8　直线和横向摆动立焊的工艺参数

运丝方式	焊接电流 /A	电弧电压 /V	焊接速度 /(m/h)	气体流量 /(L/min)
直线运丝法	110～120	22～24	20～22	0.5～0.8
正三角形运丝法	140～150	26～28	15～20	0.3～0.6

　　立焊的操作姿势是：面对焊缝，上身要站稳，脚呈半开步，右手握住焊枪后，手腕能自由活动，肘关节不能贴住身体。左手持面罩，准备焊接。

　　向下立焊时的焊丝角度如图 6-14 所示。运丝时，第一层采用直线运丝法；第二层开始选用小锯齿形运丝。施焊盖面层时，要特别注意避免咬边和焊缝增强高过高的现象。

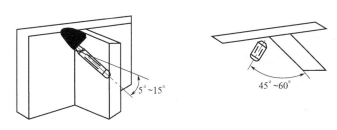

图 6-14　向下立焊时的焊丝位置示意

6.7.7　横焊

　　横焊时，工艺参数与立焊基本相类似，电流可比立焊大些。横焊时的熔化金属受重力作用下淌，容易产生咬边、焊瘤和未焊透等缺陷。因此，横焊时采用的措施也和立焊时差不多。采用直径较小的焊丝，以适当的电流、短路过渡和适当的运丝角度，来保证焊接过程稳定和获得良好的焊缝。

　　(1) 横焊运丝和角度

　　横焊时，一般采用直线移动运丝法，为了防止熔池温度过高，铁水下流，焊丝可做小幅度的往复摆动。焊丝与焊道垂直线间的夹角为

$5° \sim 15°$。焊丝与焊道水平线的夹角在 $75° \sim 85°$ 之间，如图 6-15 所示。在进行多层多道焊时，有时也像焊条电弧焊一样，采取斜圆圈形摆动，但摆幅要小些。

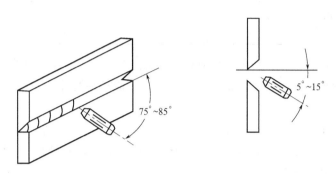

图 6-15 横焊时焊丝的角度示意

（2）基本功练习

先在平板上进行横焊练习，焊接参数如下。

① 直线运丝焊法工艺参数如下。

焊接电流：　　　　　110～120A；

电弧电压：　　　　　22～24V；

焊接速度：　　　　　0.4～0.6cm/s；

CO_2 气体流量：　　　20～22L/min。

② 横向摆动运丝法工艺参数如下。

焊接电流：　　　　　120～140A；

电弧电压：　　　　　22～24V；

焊接速度：　　　　　0.4～0.6cm/s；

CO_2 气体流量：　　　20～22L/min。

横焊操作要反复进行直线运丝法和摆动运丝法练习。练习时，保持焊丝角度与图 6-15 相符。并要注意防止熔敷金属的下坠现象，如图 6-16 所示。

开坡口对接横焊，焊接工艺参数与基础练习的参数相同。采用多

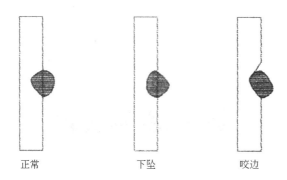

正常　　　　　　　　下坠　　　　　　　　咬边

图 6-16　横焊时熔池金属下坠现象示意

层焊法，将坡口填满。第一层采用直线运丝法进行焊接；第二层以斜圆圈形运丝法进行焊接。操作过程中要注意防止咬边、下部出现焊瘤等缺陷。

第7章

焊接结构生产

7.1 焊接构件的备料

焊接结构的生产，要从原材料的采购、入厂、材料复验、钢材矫正等一系列程序开始，这段生产准备工作，称之为备料。

7.1.1 原材料复验

焊接结构所用的原材料，主要分两大部分：一类是钢材，如钢板、型钢（包括角钢、槽钢、工字钢、扁钢、圆钢等）；另一类是焊接材料，如电焊条、焊丝、焊剂、保护气体等各种规格的焊接材料。

焊接结构很难用单一的方法进行分类，有时按结构的板材厚度分为薄板、中板和厚板结构；有时又按最终产品分为油罐类结构、船体结构、建筑结构等；按采用的材料可分为钢焊接结构，铝、钛合金结构等。由于工况条件的要求复杂，所以在原材料采购进厂时，应有完整的产品质量证明书。为了保证产品质量，国家及行业标准中也规定了原材料复验的相应标准。因此，在材料使用前，应根据有关标准的规定，对每批原材料的化学成分和力学性能进行复验。使其符合产品型号或牌号的规定，达到质量证明书上保证的要求。

7.1.2　钢材的矫正

钢材在轧制、运输、堆放等过程中，常会产生由于碰撞引起的表面不平整、弯曲、扭曲等现象。特别是很薄的钢板以及截面小的型钢，更容易产生变形。由于材料变形的存在，将使工件划线、下料和切割工作，达不到工件的精确度要求。因此，有关标准规定了轧制钢材的出厂允许偏差（见表 7-1）。

表 7-1　轧制钢材允许偏差值

偏差名称	图　　例	允　许　值
钢板、扁钢的局部挠度		$\delta \geqslant 14$ $f \leqslant 1$; $\delta < 14$ $f \leqslant 1.5$
角钢、槽钢、工字钢、管子的直线度		$f \leqslant \dfrac{L}{1000}$ >5
角钢两肢的垂直度		$\Delta \leqslant \dfrac{b}{100}$
工字钢、槽钢翼缘的倾斜度		$\Delta \leqslant \dfrac{b}{80}$

在下料划线前，凡是变形量超出允许偏差值的钢材，都必须按规定进行矫正。

常用的矫正设备有钢板矫正机（平板机）、型钢矫正机、型钢撑直机、管子矫正机等。

7.1.3 放样划线

（1）放样（放大样）

放样是把施工图上的结构形状和尺寸展开成平面的实际尺寸，以1∶1的比例在放样平台上画出平面展开实际形状，制成样板，供下料时划线使用。

（2）划线

划线是将构件展开，把形状尺寸划到钢材上，并标注出加工符号。批量生产或异形复杂曲线，要利用样板进行划线，单件生产也可直接在钢板上放样划线。

7.1.4 切割加工

切割加工分下料切割和边缘加工两部分。

（1）下料切割

下料切割是按照划出的工件用料线条，将钢板或型钢分离切割的过程。常用的方法有剪切、锯削、冲裁和氧-乙炔切割等。

剪切是利用剪刀对钢板进行切断的分离方法。具有切口光滑，分离过程无切屑，生产效率高等优点，是应用最为广泛的一种加工方法。剪切用的设备有龙门剪、斜剪、联合剪、双轮滚剪等多种形式，可剪切方形、平行四边形、梯形和三角形等各种直线组合的几何形状。

锯削用来切断各类形材、管子和圆钢等。常用的割机有弓锯床、圆片锯床和砂轮片（切割片）切割机等多种设备。其中，以砂轮片切割机（又称无齿锯）应用最广泛。它可以切断各种管材和型钢，特别是难切割的高强钢（如耐热钢、低合金高强钢等）。具有设备简单、操作灵活方便、生产效率高等优点，已被人们广泛应用。

气割是利用气体火焰的热能将工件切割分离的加工方法。其性质上是不受零件几何形状限制的，能切割任意空间位置的工件，切割的金属厚度较大。

气割操作方法可分为手工气割、半自动气割、靠模气割、光电气割、数制气割等多种控制形式。

数制切割是把放样、划线和气割等工序，编成数字程序，输入专用的计算机，让系统自动控制切割。对于不锈钢等难熔金属，可采用等离子弧切割。目前，等离子弧切割的厚度为：不锈钢可达 180mm；对铝及其合金，可达 250mm。

（2）边缘加工

对工件的边缘（包括坡口）进行加工，可使工件边缘获得所需要的形状、尺寸、精度和粗糙度。边缘加工的目的是除掉剪切的硬化层，修整气割后的氧化表面，达到工艺要求，为焊接做好必要的准备。

边缘加工的方法主要有氧气切割（或等离子弧切割）和机械切割两种。有时也用手工打磨。加工焊接坡口的设备有刨边机、风动工具、机械机床、气割和碳弧气刨等。

大型板材通常是在刨边机床上加工坡口、筒节、封头和大直径钢管，可采用端面车床、立式车床或镗床等机械设备，进行端面及边缘的加工。也可使用氧-乙炔气割方法加工边缘，如封头余量的切除，代替立式车床加工坡口或封头端面等。氧-乙炔气割工效高、成本低，但切割的工件表面较粗糙，精度比机械加工差得多，需要用砂轮进行修磨。

7.1.5 成形加工

对有不同角度或曲面要求的构件或零件，一般都是选择折边、弯曲、压滚、钻孔等加工方法。使钢材产生塑性变形，以达到所需要的形状，这些加工工艺称为成形加工。在常温下进行的成形加工，称冷加工；钢材加热到 $800 \sim 1100℃$ 高温后，才能进行成形加工时，称为热成形加工。

（1）折边

折边就是把工件折成一定角度。折边常用的设备有摆梁式弯曲机和折弯液压机（折弯机）等。折边加工成形作业如图 7-1 所示。

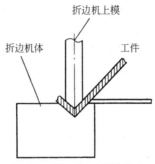

图 7-1 折边加工成形示意

（2）弯曲

弯曲包括弯板、弯管和型钢的弯曲等。

① 弯板 弯板是将钢板在冷态或热态下，弯制成圆柱形或圆锥形筒体。所用的设备多为三辊或四辊的卷板机。其工作原理如图 7-2 所示。

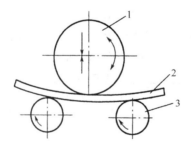

图 7-2 三辊卷板机工作原理示意

1—上辊；2—板材；3—下辊

三辊卷板机的两个下辊为主动辊，上辊能垂直调整上下的距离，因此，可卷制不同半径和板厚的筒节。板材的弯曲是借助于上辊向下移动后产生的压力，使钢板产生塑性变形来达到的。板材沿下辊旋转的方向，向前滚动，并带动上辊旋转。板材随辊子做多次来回旋转，便可获得所要求的筒体曲率。

按卷板时的温度不同，可分为冷卷、热卷和温卷三种形式。冷卷是最长用的一种方法，它是在常温下卷制，适用于薄板及中厚板，这种方法操作简单、曲率容易控制，较为经济实用。但在卷制较厚的钢板时，由于厚度较大，卷制时板材会有回弹现象，容易产生冷作硬化。

热卷是指在温度不低于 700℃ 条件下卷制。常用于厚钢板卷制成形，可防止回弹和冷作硬化现象，但板的表面产生严重的氧化皮，操作不当会有钢板减薄现象。

温卷是指板材加热到 500～600℃ 时进行卷制，与冷卷相比，板材的塑性有所改善，可减少冷卷脆断的可能性。与热卷相比，可减少氧化皮，但成形后筒体仍存在一定的内应力，根据要求，需做消除应力热处理。

② 弯管 弯管是将管子弯制成一定的平面角度或空间角度。通常，弯管要在弯管机上进行。根据管子弯制时的温度，可分为热弯和冷弯两种。冷弯还有有芯和无芯之分。有芯冷弯是在管子弯曲变形处的内径插入一根芯棒，在一定程度上可防止弯头内壁形成折皱，并能减少管子的椭圆度。无芯冷弯是将管子直接放在弯管机上进行弯曲。由于管内不必涂油、加芯，简化了工序，生产效率高。

管子的热弯一般多用于大直径管子连接的弯头。热弯管常用的方法有中频感应加热和火焰加热两种。中频感应加热是利用特殊的中频弯管机，将管子置于有强大磁场的中频感应圈（宽度范围一般为10～20mm）内，管子被均匀加热到 900～1000℃，随即进行弯曲，感应圈内侧的斜孔，能喷出冷却水，冷却已被弯曲的管子。这种工艺能把管子的热状态区控制在很窄的范围，使管子的弯曲过程始终处于这一狭窄加热区，保证了管子弯曲质量和椭圆度。中频弯管机的工作原理，如图 7-3 所示。

火焰加热弯管是用氧-乙炔火焰，通过火焰加热圈对管子局部进行加热弯曲。由于火焰温度很难控制，生产效率较低。

③ 型钢的弯曲 这是指工字钢、槽钢、角钢、扁钢或圆钢等型钢的弯曲加工。常用的设备有专用的型钢弯曲机和卷板机等。弯制时

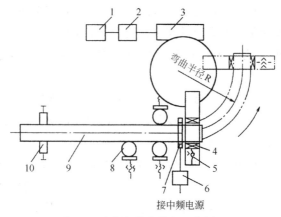

图 7-3　中频加热弯管机工作原理

1—调速电动机；2—减速箱；3—蜗杆；4—夹头；5—转臂；6—变压器；
7—感应圈；8—导向滚轮；9—管子；10—滚轮架

大多使用相应的模具。

（3）压制成形

压制成形是以金属板材为坯料，利用配有模具的压力机，使板料成形的加工方法。常用于筒体、封头、瓦片壳体等的成形加工。封头的压制通常要在水压或油压机上进行。封头的压制方法如图 7-4 所示。

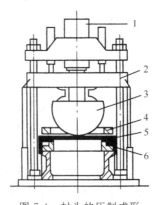

图 7-4　封头的压制成形

1—工作罐；2—活动横梁；3—上模；4—压边圈；5—坯料；6—下模；

压制的加工过程是：先将按尺寸下好料的坯料加热至预热的温度，然后将坯料放到下模上，与上模对准中心，开启水压机，让活动横梁下降压下，使坯料包在上模表面，封头通过下模后即可成形。

近年大多封头的压制已改用旋压工艺。这是利用专用的压力机，先将坯料压成碟形，然后放置在旋压机上进行缩口，完成封头的成形。旋压封头的成形如图 7-5 所示。这种加工方法，成形后尺寸精度高、稳定性好，原材料的消耗较小，能获得刚性大、强度高的工件。

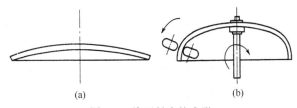

(a)　　　　　　　　　(b)

图 7-5　旋压封头的成形

（4）钻孔

钻孔是金属制孔的一种重要方法。其常用设备是固定钻床和摇臂钻床。大形摇臂钻床的跨度可达 3000mm 以上，孔径 50mm 以上，生产适应性强，对于多孔或批量生产钻孔时，可使用模板，以提高生产效率。

7.2　焊件的装配与焊接

根据图样、施工条件及工艺要求等，把预制好的零件，用焊接定位或其他定位方法连接在一起的工序，称为焊件装配。

7.2.1　焊接结构的装配与焊接特点

焊接结构的装配与其他机械装配方式有着不同的特点。

① 由于焊接结构的零件，都是由原材料经划线、剪切、气割、矫正、滚卷、预弯成形等工序制成的，加工精度低、互换性差。装配

时，某些零件可能需要选配和调整；必要时还需用气割、砂轮打磨修正。所以装配时应注意组件、部件或结构总体的偏差，控制在技术条件允许范围内。

② 金属构件都是采用整体进行焊接，因此焊接后不可以拆除。如果不能返修，就将导致产品报废。因此，对装配顺序和质量，应有周密思考和严格的要求。生产过程中，事先要充分了解图样技术要求，装配时严格按工艺要求执行。

③ 装配时，伴有大量的定位焊缝，装配后还有大量的焊接工作量。所以，装配时事先就要考虑到掌握控制焊接应力和结构的变形特点。

④ 对体积庞大和刚性较差的构件，装配时应适当考虑加固措施。

⑤ 装配焊接时，应尽量采用焊接变位机或焊接胎卡具，以保证焊接质量和提高生产率。

7.2.2 典型构件的焊接

焊接构件的种类繁多，其装配焊接的顺序也不一样。因为装配尺寸和间隙不会完全一致，所以就是对同一种焊接构件，也可能采用不同的装配焊接方式。

（1）筒节环缝的装配焊接

简单的环缝装配焊接，可以立装，也可以卧装。立装容易保证质量，效率高、占地小，特别适用于筒壁较薄、直径大的筒体装配。对于筒壁厚、质量较重的筒节，应采用卧式装配。其装配应在专用的滚轮架上进行。筒体装配定位后，再进行封头的装配，但应先装配其中的一端，然后进行内环缝的焊接。焊好环缝再装配另一端封头，形成终端环缝。通常，终端环缝内部，采用焊条电弧焊封底，所以要开成单面 V 形坡口。如果封头上有人孔，则可采用埋弧自动焊。有的筒体较长，埋弧焊的内环缝装置，从一端无法达到另一端环焊缝时，可将终端环缝设在中间位置，两边环缝焊完后，再进行中间缝的焊接。

（2）梁、柱类结构的装配的装配焊接

梁、柱类结构的种类很多，但装配焊接的顺序相似。几种常见截面的梁、柱类结构的截面焊接顺序，如表 7-2 所示。

表 7-2　几种常见截面的梁、柱类结构的装配焊接顺序

名　称	截　面　形　状		装配焊接顺序
单腹板梁			装件 1、2、5→焊接→矫正→装件 3、4→焊接→矫正
			装件 1、2、3→焊接件 3→矫正→装件 4→焊接→矫正→装件 5→焊接件 5
型钢梁			装件 1、2→焊接→矫正→装件 3→焊接→矫正
			装件 1、2、4→焊接件 4→矫正→装件 5→焊接→矫正→装件 3→焊件 3→矫正
双腹板梁		$H = 1000 \sim 1600\text{mm}$	装件 2、3→焊接→矫正→装件 1→焊接→矫正→装件 4→焊接
		$H < 1000\text{mm}$	装件 1、2、3→焊接→矫正→装件 4→焊接→矫正

焊接生产的机械化和自动化

7.3.1 焊接中心

焊接中心由焊接电源、自动焊机或机头、变位器（滚轮架、回转台、翻转机等）、焊接操作机、焊缝自动跟踪装置，以及辅助设置（气动焊剂垫，焊剂送给、回收装置等）、送丝自动调节以及电气控制系统等组成。

7.3.1.1 大直径容器筒节纵缝焊接中心

一般规格：筒体直径 2000～4000mm，筒节长度≤3000mm，钢板厚 6～16mm。

(1) 设置

容器筒节内、外纵缝焊接中心由三根伸缩臂式内外纵缝焊接操作机、自调式滚轮架、焊接电源、内纵缝焊剂垫、焊剂自动回收装置和电气控制系统组成，如图 7-6 所示。

内、外纵焊缝焊接中心有三根伸缩臂：下臂通过滑座固定在立柱上，上滑座可沿立柱导轨带动上臂和托臂升降。上下臂的伸缩有快速和焊接两种速度。快速是焊前调节所用。焊接时，先用下臂焊内缝，再用上臂焊接外缝。焊接内缝时，需配用焊剂托垫和焊剂自动回收装置。两种伸缩臂的端部，均配置了机械式焊缝自动跟踪装置和焊丝自动伸出长度调节装置及相应的传感器，可实现自动跟踪和焊丝长度自动调节。焊接中心还配置了两套控制操作盘，在上伸缩臂端侧和下伸缩臂对侧，均可控制操作机的滚轮架、焊剂垫的各种动作，随时支持和调节焊接进行。

(2) 焊接

单筒节吊入焊接中心的自调式滚轮架，转动使焊缝基本对正焊剂垫中心，焊剂垫托紧筒节。装焊引弧板和引出板，移出伸缩臂，做好

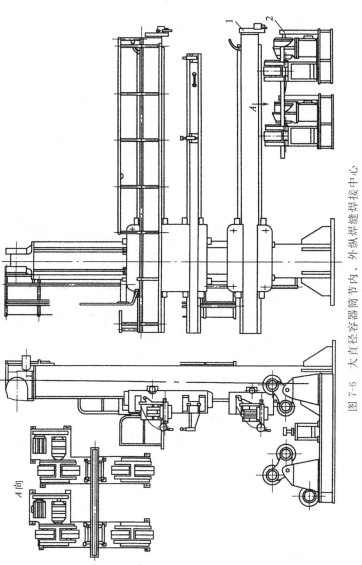

图 7-6　大直径容器筒节内、外纵焊缝焊接中心

内、外环缝焊接中心

1—筒体内、外环缝焊接滚轮架；2—自调式焊接滚轮架

焊接准备。按下启动按钮，焊接内纵缝。焊后自动回收焊剂，移动下伸缩臂，转动滚轮架，使筒节纵缝移到上位。启动上伸缩臂，对准焊缝进行外纵缝的焊接。焊接完成后，去除引弧板和引出板，把筒节吊出焊接中心。

7.3.1.2 大直径筒体内环缝焊接中心

（1）设置

大直径筒体内环缝焊接中心由容器筒体内环缝焊接操作机，包括伸缩臂、机头、三维调整机构、焊接电源、自调式焊接滚轮架、内环缝焊剂垫、台车和电气控制系统等组成，实物装置如图7-7所示。

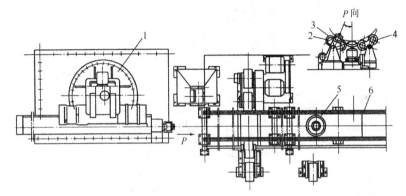

图 7-7 大直径筒体内环缝焊接中心（平面布置）
1—容器筒体内环缝焊接操作机；2—自调式焊接滚轮架（主动）；3—防轴向窜动装置；
4—焊接滚轮架（被动）；5—焊剂台车；6—台车导轨

① 一般容器都由多个筒节组成。当采用边装边焊工艺时，可采用通用型伸缩臂焊接操作机。伸缩臂长度为 3～4m，在伸缩臂前端，装上三维调整机构的机头，即可满足焊接内环缝要求。若用于多筒节整体装焊时，操作机的结构形式应根据筒体最大长度决定。操作机的有效工作长度，一般不宜超过 6～8m，必要时，最长可制成 10～14m。焊接位置调整机构，可以是手动或机动；跟踪与焊丝长度调整，一般均采用传感器控制。

② 焊剂回收。埋弧焊时，应尽可能使用焊剂自动送给和自动回

收装置，一般以真空式焊剂回收装置较为适用。

（2）焊接

筒体总装后，吊到焊接中心的滚轮架上，将电动台车和环焊缝焊接操作机移至筒体第一条焊缝处，上升焊剂垫至工作状态，送给焊剂，启动焊机施焊。

焊接过程中，焊缝跟踪和焊丝自动调节系统，由电控机构完成。环焊缝的收尾时，应搭接 30～50mm，然后停机终止焊接。

7.3.1.3 筒体外环缝焊接中心

容器筒体的外环缝是容器制造过程中，焊接工作量最大的焊缝。

（1）中心设置

焊接中心由外环缝焊接操作机、埋弧自动焊机头及调整机构、防轴向窜动的焊接滚轮架（或自调式焊接滚轮架、或轴式滚轮架）、焊接电源、焊剂回收装置和电气控制系统等组成。如图 7-8 所示。

容器筒体外环缝焊接机位移依靠台车，其机架（立柱、滑座、伸缩臂等）安装在台车上，所以要有一定的稳定性。在移位时，应选择较低的行走速度。操作台、焊接电源、控制箱和操作盘等，均安装在台车上。为方便吊运，操作机伸缩臂应设有快速位移，台车立柱有 $90°$ 旋转功能。焊剂的送给和回收，可采用综合设置，也可分别进行控制。焊缝跟踪和焊丝伸出长度自动控制机构，可采用手控、机动装置或使用传感器。

（2）焊接

移动焊接操作机，将筒体吊入焊接滚轮架上，移动机头对准焊缝，即可进行外环缝焊接。

7.3.1.4 桥式起重机主梁焊接中心

箱形断面鱼腹式主梁，是桥式起重机的主要焊接结构。箱形梁由左右腹板、上下盖板和各肋板组成。为保证焊接质量，提高主梁角焊缝的焊接效率，必要时要采用箱形主梁角焊缝焊接中心装置，如图 7-9 所示。

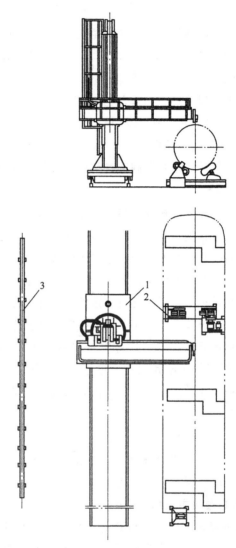

图 7-8 容器筒体外环缝焊接中心示意图

1—外环缝焊接操作机；2—自调式焊接滚轮架；3—挂线架

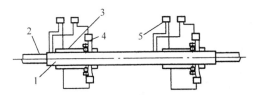

图 7-9　起重机箱形主梁角焊缝焊接中心
1—箱形主梁；2—台车轨道；3—台车（2 台）；4—机头（4 个）；5—焊接电源

（1）箱形梁角焊缝焊接

5～100t 桥式起重机主梁的标准长度为 10.5～36.5m，共 8 种跨度。梁长≥25.5m 时，两台焊接台车摆放一根梁上，可四台车同时施焊。焊缝的变位由吊车完成。

（2）焊接自动机

各种起重机主梁的 4 条长焊缝，通常采用三种方式焊接。一种是主梁放在平台上，由伸缩臂式焊接机移位焊接；另一种是由龙门式焊接操作机进行施焊；第三种生产方式则是焊接机头固定不动，主梁置于机动台车上移动焊接。中小型梁常采用主梁移动方案；大型或超大型梁则采用放在平台上，移动机头焊接。

7.3.2　龙门机架

龙门机架是梁柱焊接自动机的主体结构，由两根立柱、一个固定横梁、一个活动横梁和两根纵梁等，采用螺栓连接而成。纵梁即龙门台车。为保证龙门焊接自动机两侧车轮同步移动，采用了一个驱动电机驱动两侧车轮的方法，使 4 个车轮全部为主动轮。行走导轨经过精加工，依靠矩形导轨导向，其导向间隙可调，精度较高。这种焊接机的结构，如图 7-10 所示。

龙门式自动焊接机是一台多功能综合自动机，即能焊接拼板的纵横缝，又可焊各种结构尺寸和各种截面的箱形梁、工字梁（最大截面可达 3m ×2.5m）等结构。机架上的活动横梁可使焊嘴在距焊件平台表面 0～250mm 范围内调节；活动横梁上又装有两台滑轮座，分

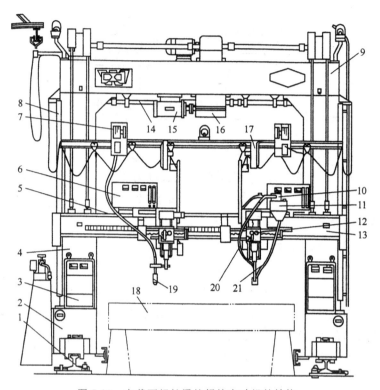

图 7-10 大截面超长梁柱焊接自动机的结构

1—轨道；2—纵梁；3—焊接电源（2 台）；4—立柱；5—水平导轨；6—焊接操纵盘；
7—气电焊送丝机构；8—垂直导轨；9—固定横梁；10—焊剂自动回收装置；
11—焊剂桶；12—埋弧焊送丝机构；13—活动横梁；14—传动轴；
15—行走直流电机；16—行走变速机；17—埋弧焊丝盘；18—焊接台；
19—双层气流焊枪；20—焊剂回收波纹管；21—焊剂输送软管

别装置焊接机头、焊缝跟踪系统和焊工操作盘等。

龙门式焊接自动机可实现气体保护焊（包括 CO_2 气体保护焊、MAG 焊，及双层气流保护焊），又能使用埋弧自动焊。

焊接设备由气电焊设备、埋弧焊设备及焊接控制箱三部分组成。

气电焊设备选用 XN500PS 型焊机，一机多用。当采用旋流式双层气流焊枪时，内层氩气保护，外层为 CO_2 气体保护。

埋弧焊设备包括焊接电源、机头调节机构（滑座）、指针状接触式二维传感器和焊剂自动输送回收系统。

 ## 7.4　焊接质量检验

7.4.1　焊接缺陷

焊接结构在制造过程中，受到各种因素的影响，所以生产出的每件产品，都不可能避免产生焊接缺陷。焊接缺陷的存在，不同程度地影响到产品的质量和安全使用，焊接质量检验的目的，就是运用各种检验手段和方法，把焊件上的焊接缺陷查出来，并按有关标准进行评定，决定对焊接缺陷的处理。

（1）焊接缺陷的分类

焊接缺陷种类很多，按照 GB/T 6417《金属熔化焊接头缺欠分类及说明》，熔化焊的缺陷按性质分为如下六类：裂纹（包括各种形式、各种位置及方向的裂纹），孔穴（包括各种形式、各种位置的气孔及缩孔），固体夹渣（包括各种夹渣及夹杂），未熔合和未焊透，形状缺陷（包括焊缝尺寸超差、形状不规则、咬边、烧穿、焊瘤、没填满、下垂、缩沟和错边），上述以外的其他缺陷（包括电弧擦伤、飞溅磨痕等）。

（2）常见焊接缺陷的产生原因

① 裂纹　裂纹是最危险的焊接缺陷，它不仅会造成废品，还会造成更严重的破坏事故。

② 气孔　气孔是一种常见的焊接缺陷，它会削弱焊缝的有效工作断面，造成应力集中，降低焊缝的力学性能。焊接中产生气孔的气体主要是氢气、一氧化碳气和氮气。

③ 焊缝尺寸及形状不符合要求　焊缝外表形状高低不平，波纹粗劣；焊缝宽度不均匀，太宽或太窄；焊缝余高过低或过高；角焊缝

的焊角尺寸不均匀等，都属于焊缝尺寸不符合要求。

产生这类缺陷的主要原因有焊件坡口角度不当或装配间隙不均匀，焊接工艺参数选择不当，焊条角度及运条手法不合适。

④ 咬边　咬边不仅会减弱焊件的有效面积，而且还会产生应力集中和裂纹。产生咬边的主要原因是，焊接工艺参数选择不当，如电流太大、焊条角度及运条方法不合适。

⑤ 弧坑　弧坑会减弱收尾处的强度，甚至会在收尾处产生裂纹。弧坑产生的主要原因是：收弧过快，收尾方法不当。

⑥ 烧穿与下垂　产生烧穿与下垂的主要原因是对焊件加热过快，如焊接电流过大；焊件间隙太大，操作工艺不当；焊接速度过慢及电弧在焊缝某处停留时间过长等。

⑦ 未焊透与未熔合　未焊透与未熔合产生的主要原因是，焊接电流太小，焊接速度过快；坡口角度太小，钝边过厚，间隙太窄和运条方法不当等。此外，焊件表面的氧化皮或前一层焊道表面存在熔渣，以及焊件边缘加热不充分而导致"假焊"现象，也是造成未焊透的原因。

⑧ 夹渣　产生夹渣的主要原因是，焊件边缘及焊层或焊道之间清理不干净；焊接电流太小，焊接速度过快，使熔渣来不及浮出；焊缝形状系数过小以及焊条角度及运条方法不当。

⑨ 焊瘤　产生焊瘤的主要原因是，操作不熟练和运条不当；立焊时，使用的电流过大而操作又不当；焊接电弧过长。

防止以上几种焊接缺陷的方法是，选择合理的焊接工艺参数，采用合适的坡口形式及焊条角度，以及合理的运条方法，提高焊工的操作技能。

7.4.2　焊接质量检验

焊接质量检验，是控制焊接缺陷，保证获得优质焊接接头的重要手段。焊接质量检验不仅包括成品检验，还包括焊前及焊接生产过程中进行的检验。即对焊接原材料、焊接设备、焊接工艺参数以及焊工的操作水平，都必须进行严格的检查与检验。

通常说的质量检验主要是指成品检验，它包括破坏性检验和非破坏性检验（无损检验）两大类。破坏性检验包括力学性能、化学分析及晶间腐蚀试验、金相组织检验和焊接性试验等。非破坏性检验包括外观检验、水压试验、致密性试验以及无损探伤等。

（1）破坏性检验

① 力学性能试验　力学性能试验包括拉伸试验、弯曲试验、冲击试验和硬度试验等。这些试验方法是从焊缝及热影响区中截取试样，检查其强度、硬度、韧性和塑性等力学性能指标，评定是否满足结构使用要求。具体试验方法参阅有关国家标准。

② 金相试验　金相试验是在焊缝及热影响区中截取试样，利用放大镜或电子显微镜，检查焊缝及热影响区，由于焊接冶金和热过程特点，所造成的金相组织变化和微观缺陷。

③ 化学分析　化学分析是通过从材料中钻取试样，检查测定焊接原材料和焊缝的化学成分及其含量。

④ 晶间腐蚀　不锈钢及耐酸钢的晶间腐蚀试验，常见的方法是将试样放在硫酸铜和硫酸水溶液中煮沸，沸腾时间一般要 72h，然后取出试样并烘干，弯曲 $90°$，用放大倍数 10 倍的放大镜检查。如表面出现横向裂纹，则认为材料的抗晶间腐蚀性能不合格。

（2）非破坏性检验

① 外观检验　外观检验主要是检验焊缝成形及尺寸等外部质量。

② 致密性检验　焊缝致密性检验主要是为了检查焊缝的致密程度，所用的方法有水压试验、气压试验、煤油试验和氨气检漏试验等。其适用范围如下。

a. 水压试验适用于检查锅炉、压力容器、管道和储罐等。试验压力一般为工作压力的 1.25 至 1.5 倍，水温不低于 $5℃$。对于低合金高强钢的焊接结构，水温应高于钢的脆性转变温度。水压试验中还有一种要求低的盛水试验，即用水将容器灌满，不附加压力，来检查焊缝的致密性。

b. 气压试验适用于检查受压容器、管道和储罐等。检查的灵敏度高于水压试验，但此法有一定的危险性，宜慎用。气压试验的方法有静气压试验、压缩空气喷射试验和氨气试验等。

c. 煤油试验适用于检查不受压的一般容器、循环水管、管式空气预热器等。试验时，在焊缝和热影响区涂刷较稠的石灰水溶液，晾干后，在焊缝的另一面上涂上煤油，约 5min 后，检查粉白色石灰上有无黑色斑纹。

d. 氨气检漏试验适用于检查致密度很高的受压元件的焊缝。要借助于氨检漏仪，成本较高，操作复杂。

（3）无损探伤

无损探伤包括渗透、磁粉、射线、超声波、液晶、高能射线和全息照相探伤等。

① 渗透探伤　它包括荧光检查和着色检验。这些检验方法都是利用渗透原理，通过荧光或着色剂来显示焊缝及热影响区表面的微小缺陷（主要是裂纹），检测时，要求被检测工件表面光洁。

② 磁粉探伤　磁粉探伤是用于探测铁磁材料的表面和近表面缺陷（主要是裂纹）的一种探伤方法。探测时，要求被测工件表面光洁，焊件首先被充磁，在缺陷处，由于漏磁的作用会集中吸附撒上的铁粉。根据被吸附铁粉的形状、多少和厚薄程度，便可判断缺陷位置和大小。要注意的是，铁粉检测时，缺陷的显露和缺陷的磁力线相对位置有关。与磁力线相垂直的缺陷（如裂纹），显现得最清楚，如果缺陷与磁力线平行，则显露不出来。所以，应采用不同方向的磁力线进行探测。

③ 射线探伤　射线探伤是检验焊缝内部缺陷的一种准确而又可靠的方法。它可以准确地显示出焊缝中缺陷的种类、形状、尺寸、位置和分布情况，作为质量评定的底片，又可长期保存，以备日后复查。因此，射线探伤方法主要用于检验重要结构焊接的内部质量。

射线探伤包括 X 射线探伤及 γ 射线探伤。X 射线探伤应用较普遍，探测厚度小于 120mm；γ 射线探伤的穿透力强，不需电源，适用于厚板探测。

在正常情况下，X 射线经过衰减，在底片的焊缝部位感光较弱，呈现较透明的明亮条形，若焊缝中存在缺陷，则在透视片上出现较黑的斑点和线条，其尺寸、形状与焊缝所具有的内部缺陷相当。

裂纹在底片上多呈现略带曲折的、波纹状的黑色细条纹，有时也呈直线细纹，轮廓较分明，两端较为尖细，中部稍宽，不常有分枝；两端黑度逐渐变浅，最后消失。

未焊透时，在底片上表现为一条断续或连续的黑直线，在不开坡口对接焊缝中，宽度是较均匀的；"V"形坡口焊缝中的未焊透缺陷在底片上的位置多偏离焊道中心，呈断续的线状，即使连续也不会太长，宽度不一致，黑度不太均匀，线状条纹一边较直且黑。"V"、"X"形坡口双面焊的中部或底部焊缝未焊透时，在底片上呈现黑色较规则的线状。角缝、T 形接头和搭接接头的未焊透缺陷，呈断续线状。

气孔在底片上多呈现圆形或椭圆形黑点，其黑度一般是中心处较大，均匀地边缘减小，分布不一致，有稠密的也有稀疏的。

夹渣在底片上呈现为不同形状的点或条纹。点状夹渣呈现单独黑点，外观不太规则，带有棱角，黑度均匀；条状夹渣呈粗线条状；长条形夹渣，线条较宽且不一致。

焊缝及热影响区的表面质量（包括余高）应经外观检查合格。表面的不规则状态在底片上的图像应不掩盖焊缝中的缺陷，否则应作适当修正。

射线探伤评定焊缝质量参照 JB/T 4730 标准执行，焊缝照相范围及质量等级选择，按产品技术条件和有关规定确定。焊缝质量评级根据缺陷的性质和数量，分为四级：一级焊缝内缺陷最少，焊缝内应无裂纹、未熔合、未焊透和条状夹渣；二、三、四级焊缝内部缺陷逐级增多，二级焊缝内应无裂纹、未熔合、未焊透；三级焊缝内应无裂纹、未熔合，以及双面焊和加垫板的单面焊中的未焊透。不加垫板的单面焊中的未焊透不能超过允许长度。在二、三级焊缝内，单面未焊透的深度不应超过壁厚的 15%。四级焊缝内部缺陷超过三级，质量最差。

④ 超声波探伤　超声波探伤是借助于超声波探伤仪来检查焊缝内部缺陷的一种探伤方法。探测前，工件表面应平整光滑。超声波探伤与射线探伤相比较，具有如下特点。

a. 近表面缺陷超声波探伤难以发现，一般厚度小于 5mm 的工件，不采用超声波探伤。

b. 超声波探伤特别适用于厚件，可确定 5m 内的缺陷。而 X 射线厚度超过 300mm 时，很难查出缺陷。

c. 超声波探伤周期短、成本低，设备简单，对人体无害。

d. 超声波探伤只能根据缺陷脉冲的波形来发现缺陷，不能确定缺陷的性质、大小和形状。

7.4.3　焊接缺陷的返修及补焊

重要的焊接结构在出厂及使用前，要经过严格的无损检验，以保证产品质量和使用安全。如果发现不允许出现的缺陷，应按要求进行返修，严重的焊接缺陷甚至会造成产品报废。不重要的焊接结构，允许存在一些焊接缺陷。焊接缺陷的返修及补焊要点如下。

① 按照无损检验结果，确定需要返修的焊接缺陷的部位。

② 根据母材及焊缝的成分特点，采用碳弧气刨、磨削和气割等方法，将缺陷去除（必要时要采取预热措施），并要求根部 $R > 6mm$，侧边斜度在 30°以上，圆滑过渡不能有棱角。

③ 在重新焊接前，要利用着色检验或磁粉探伤，检查缺陷的消除情况。确认缺陷消除后，方可对补焊部位进行必要的清理和焊接。

④ 焊接时，焊前预热、焊后缓冷、焊后热处理、焊接材料及焊接工艺参数的选择，原则上按原工艺进行。

⑤ 补焊的焊缝长一般要求不小于 30mm，并要严格注意引弧与收弧及接头部位的质量。多层焊时，每道焊缝应严格检查，发现缺陷及时清除，同时应控制层间温度。

⑥ 补焊后的焊缝，还应按要求进行检验，如果出现不允许存在的缺陷，还应重新进行返修，但对有些重要的焊接结构的焊缝（如压力容器等）按有关规定是不允许进行多次反修的。

第8章

焊工技能考试及管理

　　焊接产品的质量好坏，除了与结构设计、材料选用、工艺制定、焊接检验等因素密切相关外，还与焊工个人因素有关，这是不可忽视的。尤其在当前焊条电弧焊仍占有很大比例的情况下，焊接质量决定于焊工的操作技能水平。即使在机械化、自动化焊接中，焊接设备也要靠工人操作，焊接参数也要靠人来运用，因此，焊工的技能是不容忽视的。

　　为了保证焊接结构的质量，各行业的施工规程中都明确规定了焊接重要结构的焊工必须经过培训考核，取得相应的合格证书后，才能承担产品的焊接工作。

 焊工考试

8.1.1　焊工考试的重要性

　　焊接产品上的每条焊缝，都是由焊工焊出来的，焊接设备、焊接材料都是由焊工使用的，焊接工艺也是要由焊工来实施的，因此，焊工的责任心、理论水平、操作技能对产品的焊接质量有着直接的影响。操作技能水平低的焊工所焊的焊缝不仅外观质量差，而且容易出未熔合、未焊透、气孔、裂纹、夹渣、咬边等缺陷，这些缺陷往往就是焊接结构开裂导致破坏的根源。因此，国家对焊工考试工作非常重视，相继颁布了有关焊工考试的具体规定和标准，在 2002 年 4 月 28 日国家质量监督检验总局重新修订颁布了《锅炉压力容器压力管道焊工考试与管理规则》，本书以此为例作全面介绍，以供上岗、就业的焊工，参加焊工考试时参考。

8.1.2　锅炉压力容器焊工考试内容及方法

焊工考试内容包括基本知识和焊接操作技能两部分。基本知识内容应与焊工从事焊接工作范围相适应，焊接操作技能考试分为手工焊和机械操作焊两类。

（1）基本知识考试内容

① 焊接安全知识及规定；

② 锅炉、压力容器和压力管道的基本知识；

③ 金属材料分类、牌号、化学成分、力学性能、焊接特点和焊后热处理；

④ 焊接材料（焊条、焊丝、焊剂和气体等）类型、型号、牌号、使用与保管；

⑤ 焊接设备、工具和测量仪表的种类、名称、使用和维护；

⑥ 常用焊接方法的特点、焊接工艺参数、焊接顺序、操作方法及其对质量的影响；

⑦ 焊缝形式、接头形式、坡口形式、焊缝代号及图样识别；

⑧ 焊接接头的性能及其影响因素；

⑨ 焊接缺陷的产生原因、危害、预防方法和返修；

⑩ 焊缝外观检验方法和要求、无损探伤方法特点、适用范围、级别、标志和缺陷识别；

⑪ 焊接应力和变形的产生原因和防止方法；

⑫ 焊接质量管理体系、规章制度、工艺文件、工艺纪律、焊接工艺评定、焊工考试和管理规则的基本知识。

（2）焊接操作技能考试

焊接操作技能考试应从焊接方法、试件材料、焊接材料及试件形式等方面进行考核。

焊接方法及代号见表8-1；焊条类型、代号及适用范围见表8-2；试件钢号分类及代号见表8-3。

表8-1　焊接方法及代号

焊接方法	代号	焊接方法	代号
焊条电弧焊	SMAW	埋弧焊	SAW
气焊	OFW	电渣焊	ESW
钨极气体保护焊	GTAW	摩擦焊	FRW
熔化极气体保护焊	GMAW（含药芯焊丝电弧焊 FCAW）	螺柱焊	SW

表8-2　焊条类型、代号及适用范围

焊条类别	焊条类别代号	相应型号	适用焊件的焊条范围	相应标准
钛钙型	F1	E××03	F1	GB/T 5117 GB/T 5118（奥氏体、双相不锈钢除外）
纤维素型	F2	E××10,E××11,E××10-×,E××11-×,	F1、F2	
钛型、钛钙型	F3	E×××(×)-16,E×××(×)-17,	F1、F3	
低氢型、碱性	F01	E××15,E××16,E××18,E××48 E××15-×,E××16-×,E××18-×,E××48-×E×××(×)15,E×××(×)10,E×××(×)17	F1、F3、F3J	
钛型、钛钙型	F4	E×××(×)-16,E×××(×)-17	F4	GB/T 983
碱性	F4J	E×××(×)-15,E×××(×)-16,E×××(×)-17	F4、F4J	

焊接操作技能考试合格的焊工，当试件钢号或焊接材料变更时，属于下列情况之一者，不需重新进行操作技能考试。

① 手工焊焊工采用某类别钢材，经焊接技能考试合格后，焊接该类别其他钢号时。

② 手工焊焊工采用某类别任一钢号，经焊接技能考试合格后，焊接该类别钢号与较低钢号所组成的异种钢焊接接头时。

表 8-3　试件钢号分类及代号

类别	代号	典 型 钢 号 示 例
碳素钢	I	Q195　10　　15　　20R　HP245　L175　S205 Q215　20G　20　　20g　　HP265　L210 Q235　20g　25
低合金钢	II	HP295　L245　12Mng　　　　12CrMo　　　　09MnD HP325　L290　16Mn　　　　12CrMoG　　　09MnNiD HP345　L320　16Mng　　　　15CrMo　　　　09MnNiDR HP365　L360　16MnR　　　　15CrMoR　　　16MnD 　　　　L415　15MnNbR　　　15CrMoG　　　16MnDR 　　　　L450　15MnV　　　　14Cr1Mo　　　15MnNiDR 　　　　L485　15MnVR　　　　14Cr1MoR　　　20MnMoD 　　　　L555　20MnMo　　　　12Cr1MoV　　07MnNiCrMoVDR 　　　　S240　10MnWVNb　　12Cr1MoVG　08MnNiCrMoVD 　　　　S290　13MnNiMoNbR　12Cr2Mo　　　10Ni13MoVD 　　　　S315　20MnMoNb　　12Cr2Mo1 　　　　S360　07MnCrMoVR　12Cr2Mo1R 　　　　S385　　　　　　　　12Cr2MoG 　　　　S415　　　　　　　　12Cr2MoWVTiB 　　　　S450　　　　　　　　12Cr3MoVSiTiB 　　　　S480
马氏体钢、铁素体不锈钢	III	1Cr5Mo　0Cr13　1Cr13　1Cr17　1Cr9Mo1
奥氏体不锈钢、双相不锈钢	IV	0Cr19Ni9　　　0Cr18Ni12Mo2Ti　0Cr23Ni13 0Cr18Ni9Ti　　00Cr17Ni14Mo2　0Cr25Ni20 0Cr18Ni11Ti　0Cr18Ni12Mo3Ti　00Cr18Ni5Mo3Si2 00Cr18Ni10　　00Cr19Ni13Mo3　1Cr19Ni9 00Cr19Ni11　　0Cr19Ni13Mo3　1Cr19Ni11Ti 　　　　　　　　　　　　　　　1Cr23Ni18

③ 除Ⅳ类别外，手工焊焊工采用某类别任一钢号，经焊接技能考试合格后，焊接较低类别钢号时。

④ 焊机操作工，采用某类别任一钢号，经焊接技能考试合格后，焊接其他类别钢号时。

⑤ 变更焊丝钢号（或型号）、药芯焊丝类型、焊剂型号、保护气体种类和钨极种类时。

经焊工操作技能考试合格的焊工，属于下列情况之一者，需重新进行操作技能考试：

① 改变焊接方法；

② 在同一种焊接方法中，手工焊考试合格后，从事焊机操作时；

③ 在同一种焊接方法中，焊机操作工焊接考试合格后，从事手工操作焊接时；

④ 表8-4中焊接要素（代号）01、02、03、04、06、08、09之一改变时；

表8-4　焊接要素代号

焊接要素			代号
手工钨极气体保护焊填充金属焊丝		无	01
		实芯	02
		药芯	03
机械化焊	钨极气体保护焊自动稳定系统	无	04
		有	05
	自动跟踪系统	有	06
		无	07
	每面坡口内焊道	单道	08
		双道	09

⑤ 焊件位置超出表8-5规定范围时。

表 8-5 试件形式、位置代号

试件形式	焊件位置		代号
板材对接焊缝试件	平焊		1G
	横焊		2G
	立焊		3G
	仰焊		4G
管材对接焊缝试件	水平固定		1G
	垂直固定		2G
	水平固定	向上焊	5G
		向下焊	5GX
	45°固定	向上焊	6G
		向下焊	6GX
	垂直固定平焊		2FRG
	垂直固定仰焊		2FG
	水平固定		5FG
	45°固定		6FG
螺柱焊	平焊		1S
	横焊		2S
	仰焊		4S

　　焊工操作技能考试可以由一名焊工在同一试件上，采用一种焊接方法进行；也可以由一名焊工在同一试件上，采用不同焊接方法进行组合考试；或由两名（或几名）焊工在同一试件上，采用相同或不相同焊接方法，进行组合考试。由三名（含三名）以上焊工进行的组合考试，厚度不得小于 20mm。

8.1.3 考试试件

　　（1）试件形式

　　各种试件形式如图 8-1 所示。其中包括对接焊缝试件、管板角接头试件和螺柱焊试件。

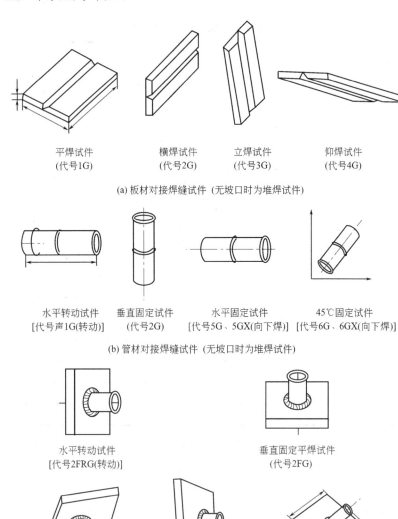

平焊试件
(代号1G)

横焊试件
(代号2G)

立焊试件
(代号3G)

仰焊试件
(代号4G)

(a) 板材对接焊缝试件 (无坡口时为堆焊试件)

水平转动试件
[代号声1G(转动)]

垂直固定试件
(代号2G)

水平固定试件
[代号5G、5GX(向下焊)]

45℃固定试件
[代号6G、6GX(向下焊)]

(b) 管材对接焊缝试件 (无坡口时为堆焊试件)

水平转动试件
[代号2FRG(转动)]

垂直固定平焊试件
(代号2FG)

垂直固定仰焊试件
(代号4FG)

水平固定试件
(代号5FG)

45固定试件
(代号6FG)

(c) 管板角接头试件

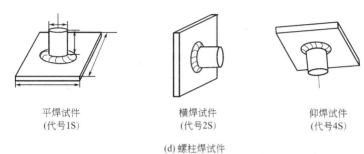

平焊试件
(代号1S)　　横焊试件
(代号2S)　　仰焊试件
(代号4S)

(d) 螺柱焊试件

图 8-1　焊工考试的试件形式

管板角接头的接头形式如图 8-2 所示。

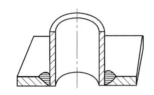

图 8-2　管板角接头试件接头形式示意

对接焊缝试件和管板角接头试件分带衬垫和不带衬垫两种。双面焊、部分焊透的对接焊和部分焊透的管板角接头均视为带衬垫。

（2）试板规格

考试试件的尺寸和数量见表 8-6。

表 8-6　考试试件的尺寸和数量

试件种类	试件形式		试件尺寸/mm						试件数量/个
			L_1	L_2	B	T	D	S_0	
对接焊缝试件	板	手工焊	≥300			任意厚度	—	—	1
		机械化焊	≥400				<25		3
	管	手工焊	≥200	—	—		25≤D	—	3
		机械化焊					<75		1
							≥76		1
		手工向下	≥200	—	—		≥300	—	
管板角接头试件	管与板	—		手工焊≥75	≥D+100	任意厚度	<76	≥T	2
				机械焊<5			≥76		1

试件种类	试件形式	试件尺寸/mm						试件数量/个
		L_1	L_2	B	T	D	S_o	
堆焊试件	板	≥250	—	≥150	任意厚度	—	—	1
	管	≥200	—	—		—	—	
螺柱焊试件	板与柱	(8~10)D	—	≥50	—	—	—	1

8.1.4 试件适用范围

① 手工焊焊工采用对接试件，经焊接技能考试合格后，适用焊件金属厚度范围，如表 8-7 所示。

表 8-7 手工焊对接试件适用焊件金属厚度范围

焊缝形式	试件母材厚度 T/mm	适用于焊件焊缝金属厚度/mm	
		最小值	最大值
对接焊缝	<12	不限	2t
	≥12		不限

注：t 为每名焊工、每种焊接方法在试件上的对接焊缝金属厚度（余高不计），当某名焊工用一种方法考试且试件截面全焊透时，t 为与试件母材厚度相等。t 不得小于 12mm，且焊缝不得少于 3 层。

② 手工焊焊工采用对接试件，经焊接技能考试合格后，适用管材对接焊缝焊件外径范围如表 8-8 所示。

表 8-8 手工焊管材对接焊缝试件适用对接焊缝焊件外径范围

管材试件外径 D/mm	适用于管材外径范围	
	最小值	最大值
<25	D	不限
25<D<76	25	
≥76	76	不限
≥300①	76	

① 管材向下焊试件。

③ 手工焊焊工采用管板角接头试件时，经焊接技能考试合格后，

适用于管板角焊缝焊件范围，如表 8-9 所示，当某焊工用同一种焊接方法考试，且试件截面全焊透时，t 与试件厚度 $S_。$ 相等。

表 8-9　手工焊管板角接头试件适用范围

管板接头试件的管子外径 D/mm	适用焊件范围/mm				
	管外径		管壁厚度	焊缝金属厚度	
	最小值	最大值		最小值	最大值
＜25	D	不限	不限	不限	当 $S_。$＜12 时，$2t$ 当 $S_。$≥12 时①，不限
25＜D＜76	25				
≥76	76				

① 当 $S_。$≥12mm 时，t 应小于 2mm，且焊缝不得少于 3 层。

④ 焊机操作工采用对接焊缝试件或管板角接头试件时，适用于焊件厚度 T 或 $S_。$ 自定。经焊接技能考试合格后，适用于焊件焊缝金属厚度不限。

⑤ 焊机操作工采用管材对接焊缝试件或管板角接头试件考试时，管子外径自定，经焊接技能考试合格后，适用于管材对接焊缝焊件最小值为试件直径，最大值不限。

⑥ 气焊工焊接操作技能考试合格后，适用于焊件母材厚度及焊缝金属不大于试件母材和焊缝金属厚度。

⑦ 手工焊焊工和焊机操作工，采用不带衬垫对接焊缝试件和管板角接头试件，经焊接技能考试合格后，分别适用于带衬垫对接焊缝和管板角接头焊件，反之不适用。

气焊工带衬垫对接焊缝试件，经焊接技能考试合格后，适用于不带衬垫对接焊缝的焊件，反之不适用。

⑧ 手工焊焊工和焊机操作工，采用对接焊缝试件和管板角接头试件，经焊接技能考试合格后，除规定需要重新考试时，适用于焊接角焊缝，且母材厚度和外径不限。

⑨ 焊操作工采用螺柱焊试件，经仰焊位置考试合格后，适用于任何位置的螺柱焊件；其他位置考试合格后，只适用于相应位置的焊

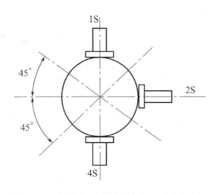

图 8-3　螺柱焊试件焊件位置范围示意

件，如图 8-3 所示。

⑩ 耐蚀堆焊试件，各种焊接方法的焊接技能考试规定，也适用于耐蚀堆焊。手工焊焊工和机械操作工采用堆焊试件考试合格后，适用于焊件的堆焊层厚度不限，适用于母材厚度范围如表 8-10 所示。

表 8-10　堆焊试件适用于焊件母材厚度范围

堆焊母材厚度 T/mm	适用于堆焊焊件厚度范围/mm	
	最小值	最大值
<25	T	不限
≥25	25	

焊接不锈钢复合板的复层之间焊缝及过渡层焊缝的焊工，应取得耐蚀堆焊资格。

⑪ 手工焊焊工和焊机操作工，采用对接焊缝试件和管板角接头试件，经焊接技能考试合格后，适用焊件的焊接位置如表 8-11 所示。

手工焊焊工向下立焊试件考试合格后，不能免去向上立焊的考试，反之也不可以。

摩擦焊接操作技能考试试件，其形式应与任一通过焊接工艺评定的试件或焊件相同。

螺柱焊操作技能考试时，应采用机械化焊接（手工引弧除外）。

试件坡口形式及尺寸应按焊接工艺规程制备，或由焊工考试委员会按相应国家标准或行业标准制备。

表 8-11　试件适用焊件的焊接位置

试件		适用焊件范围			
形式	代号	对接焊缝位置		角接焊缝位置	管板角接焊件位置
		板材和外径大于600mm 的管材	外径＜600mm 的管材		
板材对接焊缝	1G	平	平	平	—
	2G	平、横	平、横	平、横	—
	3G	平、立	平	平、横、立	—
	4G	平、仰	平	平、横、仰	—
管材对接焊缝	1G	平	平	平	—
	2G	平、横	平、横	平、横	—
	5G	平、立、仰	平、立、仰	平、立、仰	—
	5GX	平、立向下、仰	平、立向下、仰	平、立向下、仰	—
	6G	平、横、立、仰	平、横、立、仰	平、横、立、仰	—
	6GX	平、立向下、横、仰	平、立向下、横、仰	平、立向下、横、仰	—
管板角接头	2FG	—	—	平、横	2FG
	2FRG	—	—	平、横	2FRG、2FG
	4FG	—	—	平、横、仰	4FG、2FG
	5FG	—	—	平、横、立、仰	5FG、2FRG、2FG
	6FG	—	—	平、横、立、仰	所有位置

注：1. 表中"立"表示立向上焊；立向下表示立向下焊。

2. 板材对接焊缝试件考试合格后，适用管材对接焊缝时，管外径应大于或等于 76mm。

8.1.5　对焊工技能考试的要求

① 手工焊焊工所有考试试件，第一层焊缝中，至少应有一个停弧再焊的接头；焊机操作工考试时，中间不得停弧。

② 不带衬垫试件进行焊接技能考试时，必须从单面焊接。

③ 采用机械化焊接时，允许加引弧板和引出板。

④ 第Ⅰ类钢号的试件，除管材对接焊缝试件和管板角接头试件第一道焊缝，在换焊条时允许修磨接头部位外，其他焊道不允许修磨合返修；第Ⅱ～Ⅳ类钢号试件，除第一层和中间层焊道在换焊条时允许修磨接头部位外，其他焊道不允许修磨合返修。

⑤ 焊机操作工技能考试时，试件的焊接位置不得改变。管材对接焊缝和管板角接 45°固定试件，管轴线与水平面间的夹角应为 $45°\pm5°$。

⑥ 水平固定试件和 45°固定试件，应在试件上标注焊接位置的钟点标记。定位焊不得在"6"点钟处；焊工在进行管材向下焊试件操作技能考试时，应严格按钟点标记固定试件，且只能从"12"点处起弧，到"6"点处收弧。

⑦ 手工焊工考试的试板厚度大于 10mm 时，不允许用焊接卡具及其他方法将板材刚性固定，但允许试件在定位焊时预留反变形量；厚度大于或等于 10mm 时，板材试件允许刚性固定。

⑧ 焊工应按评定合格的工艺规程焊接考试试件。

⑨ 考试用试件的坡口表面及两侧必须清理干净；焊条和焊剂必须按规定要求烘干，焊丝应除净油、锈等污物。

⑩ 焊接操作技能考试前，由考试委员会编制焊工考试代号，并在考试委员会成员、监考人员和焊工一起确认后，在焊件上标注考试代号码和项目代号。

⑪ 试件数量应符合要求，不得多焊试件从中选取。

 8.2 考试成绩评定及管理

8.2.1 考试成绩评定

焊工基础知识考试满分为 100 分，以不低于 70 分为合格。

焊工操作技能考试，经过试件检验来评定。各项检验均合格时为合格。

试件检验项目、检查数量和试样数量，如表 8-12 所示。试件必须通过外观检查合格后，才能进行其他项目检验。

表 8-12　试件检验项目、检查数量和试样数量

试件类别	试件型式	试件厚度或管径/mm		检验项目						
		厚度	管外径	外观检查/件	射线/件	断口/件	弯曲试验			金相检验（宏观）/个
							面弯	背弯	侧弯	
对接焊缝试件	板	＜12	—	1	1		1	1	①	
		≥12	—	1	1	—			2	
	管	—	＜76	3		2	1	1		
		—	≥76	1	1		1	1		
	管向下	＜12	≥300	1	1		1	1		
		≥12		1	1				2	
管板角接试件	管与板	—	＜76	2	—					②
		—	≥76	1						3
堆焊试件	板与管	—		1	1（渗透）					2
螺柱试件	板与柱			5	—		折弯			

① 当试件厚度≥10mm 时，可以用 2 个侧弯试样代替面弯和背弯试样。

② 任一试样取 3 个检验面。

（1）试件外观检查要求

试件外观检验，采用目测或 5 倍放大镜进行。手工焊的板状试件两端各 20mm 内的缺陷不计，焊缝的余高和宽度可用检测尺测量最大值和最小值；单面焊的背面焊缝宽度可不测量。试件的外观检验应符合以下要求。

① 焊缝表面应是焊后原始状态，没有进行加工和修磨。

② 焊缝外形尺寸应符合表 8-13 及以下规定。

表 8-13　试件焊缝外形尺寸　　　　　　　mm

焊接方法	焊缝余高		焊缝余高差		焊缝宽度		焊缝高度差	
	平焊	其他位置	平焊	其他位置	比坡口每边增宽	宽度差	平焊	其他位置
手工焊	0～3	0～4	≤2	≤3	0.5～2.5	≤3	—	—
机械化焊	0～3	0～3	≤2	≤3	2.4	≤2	—	—
堆焊	—	—	—	—	—	—	≤1.5	≤1.5

注：除电渣焊、摩擦焊、螺柱焊外，厚度大于或等于 20mm 的埋弧焊件，余高可为 0～4mm。

a. 焊缝边缘直线度 f：手工焊不超过 2mm；机械化焊不超过 3mm。

b. 管板角接头的试件角焊缝中，焊缝凹度和凸度应不大于 1.5mm。

c. 不带衬垫的板材试件、管板角接头试件和外径不小于 76mm 的管材试件背面焊缝余高应不大于 3mm，通球直径为管子内径的 75%。

③ 各种焊缝表面不得有裂纹、未熔合、夹渣、气孔、焊瘤和未焊透；机械化焊的焊缝表面不得有咬边和凹陷。

堆焊相邻焊道之间的凹下量不得大于 1.5mm；焊道间接头搭接平面度在试件范围内不得大于 1.5mm。

手工焊缝表面的咬边和背面凹坑不得超过表 8-14 中的规定。

表 8-14　试件焊缝表面的缺陷规定

缺陷名称	允许的最大尺寸
咬边	深度≤0.5mm，焊缝两侧咬边总长度不得超过焊缝长度的 10%
背面凹坑	当 T≤5mm 时，深度≤25% T，且≤1mm；当 T>5mm 时，深度≤20% T，且≤2mm；除仰焊位置的板材试件不作规定外，总长度不超过焊缝长度的 10%

④ 板材试件焊后变形角度 θ≤3°，试件的错边量不得大于 10% T，且≤2mm，如图 8-4 所示。

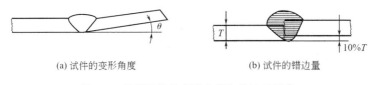

(a) 试件的变形角度　　　　(b) 试件的错边量

图 8-4　板材试件的变形角度和错边量示意

（2）试件的无损探伤

试件的射线透视应按 JB/T 4730—2005《承压设备无损检测》标准进行检验，射线透视质量等级不低于 A、B 级，焊接缺陷等级不低于Ⅱ级。

堆焊试件表面应按 JB/T 4730—2005《承压设备无损检测》标准进行渗透探伤，缺陷等级不低于Ⅱ级。

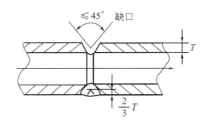

图 8-5　断口检验试样沟槽形状与尺寸示意

（3）试件的物理性能检验

① 管材对接焊缝试件的断口试验　应采用冷加工的方法，在焊缝中心加工出一条沟槽，其断面形状与尺寸如图 8-5 所示。然后，将试件压断或折断，检验断口处缺陷。试件的断口检验有如下要求：

a. 断面上没有裂纹和未熔合；

b. 背面凹坑深度不大于 $25\%T$，且不大于 1mm；

c. 单个气孔沿径向长度 $30\%T$，且不大于 1.5mm；沿轴向或周向长度不大于 2mm；

d. 单个夹渣沿径向长度 $25\%T$，沿轴向或周向长度不大于 $30\%T$。

e. 在任何 10mm 焊缝长度内，气孔和夹渣不得多于 3 个；

f. 沿圆周方向 $10T$ 范围内，气孔和夹渣累计长度不大于 T；

g. 沿圆周方向同一直线上，各种缺陷总长度不大于 $30\%T$，且不大于 1.5mm。

② 弯曲试验　按本规定和 GB/T 232《金属材料弯曲试验方法》中规定进行试验。

a. 试样上的余高及焊缝背面的多余部分，应用机械法去除。面弯和背弯试样的拉伸面应平齐，且保留焊缝两侧中至少一侧的母材原始表面。

b. 对接焊缝试件的试样弯曲到表 8-15 所规定的角度后，其拉伸面不得有任何一条长度大于 3mm 的裂纹和缺陷，试样棱角处开裂不计，但因焊接缺陷引起的棱角开裂长度，应进行评定；堆焊试件弯曲试样拉伸表面的堆焊层，不得有任何一条长度大于 1.5mm 的裂纹或缺陷，在熔合线上不得有任何一条长度大于 3mm 的裂纹和缺陷。

表 8-15　弯曲试样的规定

项目	钢种	弯轴直径 D_0	支座间距离	弯曲角度/(°)
带衬垫	碳素钢、奥氏体不锈钢和双相不锈钢	$3S_1$	$5.2S_1$	180
	其他低合金钢、合金钢			100
不带衬垫	碳素钢、奥氏体不锈钢和双相不锈钢			90
	其他低合金钢、合金钢			50

注：摩擦焊、堆焊时，$D_0=4S_1$，支座间距离为 $6S_1$，弯曲角度为 $180°$。

试件的两个弯曲试样试验结果合格时，弯曲试验为合格。两个试样均不合格时，不允许复验，弯曲试验为不合格。若其中 1 个试样不合格，允许在原试件上另取 1 个试样进行复验，复验合格，弯曲试验为合格。

③ 金相试验　管板角接头试件的试样截取，应按图 8-6 所示位置，从中心线及 45°线处切开，取 3 个切（A）面；采用目测或 5 倍放大镜进行宏观检查，每个检查面应符合以下要求。

a. 没有裂纹和未熔合；

b. 焊缝根部应焊透；

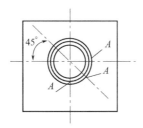

图 8-6 管板角接头金相试样截取位置示意

c. 气孔或夹渣的最大尺寸不得超过 1.5mm；当气孔或夹渣大于 0.5mm 时，其数量不得多于 1 个；当只有小于或等于 0.5mm 的气孔或夹渣时，其数量不得多于 3 个。

（4）螺柱焊试件检验

对螺柱焊试件的检验，应按以下任一方法，其焊缝和热影响区在锤击或弯曲后，没有开裂为合格。

① 锤击螺柱的上部，使 1/4 螺柱长度贴在试件板上；

② 如图 8-7 所示，用套管使螺柱弯曲到大于 45°，然后再复位。

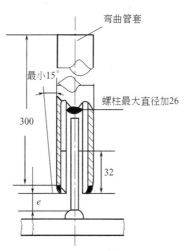

螺柱直径/mm	3	5	6	10	13	16	20	22	25	
管套间隙 e/mm	3	3	5	6	8	9	12	12	15	

图 8-7 螺柱弯曲试验方法示意图

（5）焊工考试补考的规定

焊接技能考试不合格时，允许在 3 个月内补考一次。每个补考项目的试件数量仍按表 8-12 规定。其中，弯曲试样无论一个或两个试样不合格时，不允许复验，本次考试为不合格。

8.2.2　持证焊工的管理

（1）审核及发证

经基本知识和操作技能考试合格的焊工，由焊工考试委员会填写《焊工考试基本情况表》和《焊工技能考试检验记录表》（表 8-16、表 8-17），报考试委员会所在地（市）级技术监察机构备案，经审核后签发焊工合格证书。

表 8-16　焊工考试基本情况表

×××焊工考试委员会

姓名		性别			身份号码		
文化程度					初考	重考	补考
首次取证时间			考试性质		重考原因：		
焊工钢印							
基本知识考试	考试日期		考试编号			考试成绩	
焊 接 操 作 技 能 考 试	考试日期		考试工位			考试成绩	
	考试项目代码		正常□不正常□不正常内容：				
	考试设备及仪表		合格□不合格□不合格内容：				
	试件用材料		合格□不合格□不合格内容：				
	焊材及烘干		合格□不合格□不合格内容：				
	试件加工及尺寸		合格□不合格□不合格内容：				
	检测人员资格		合格□不合格□不合格内容：				
	焊工施焊要求		合格□不合格□不合格内容：				
	考场纪律		遵守□不遵守□不遵守内容：				
	监考人姓名						

×××省（自治区、直辖市）焊工考试监督委员会成员（签字）　　　年　　月　　日

表 8-17 焊工操作技能检验记录表

姓名：_____　　　　　试件编号：_____　　　　　×××焊工考试委员会

焊接方法		焊机操作工			手工焊工	
焊接工艺规程编号			母材钢号			
试件板材厚度			试件管材外径和壁厚			
螺柱直径			焊材名称及型号			
考试项目代号						
试件外观检查						
焊缝表面状况	焊缝余高	焊缝余高差	比坡口每侧增宽		宽度差	焊缝边缘直线度
背面焊缝余高	裂纹	未熔合	夹渣		咬边	未焊透
背面凹坑	气孔	焊瘤	变形角度		错边量	通球检验
角焊缝凹凸度						
外观检查结果(合格、不合格)：				检查员		

无损检验			
射线透照质量等级	焊缝缺陷等级	报告编号及日期	结果
渗透检验方法	渗透检验结果	报告编号及日期	结果

弯曲试验				
面弯	背弯	侧弯	报告编号及日期	结果
检查员				

断口检验		
检验结果	报告编号及日期	结果
	检验员：	(合格、不合格)

金相检验				
检验结果			报告编号及日期	结果
试样Ⅰ	试样Ⅱ	试样Ⅲ	检验员	(合格、不合格)

螺柱折弯试验						
折弯方法	检验结果				报告编号及日期	结果
	试样Ⅰ	试样Ⅱ	试样Ⅲ	试样Ⅳ	试样Ⅴ	检验员	(合格、不合格)

本焊工考试委员会确认该焊工按《锅炉压力容器压力管道焊工考试规则》进行操作技能考试和试验,数据正确,记录无误,该焊接项目操作技能考试结果评定为合格。持证焊工可以承担_____项目焊接工作。

主任委员_____　　　　　　　　　　　　　　　　年　月　日

（2）焊工考试合格项目代号应用示例：

例一：厚度为 12mm 的 16MnR 钢板，对接焊缝平焊试件，带衬垫，使用 J507 焊条焊接，单面焊双面成形，其项目代号为：

$$SMAW-II-1G（K）-12-F_3J$$

例二：壁厚 8mm、外径 60mm 的 20g 钢管对接焊缝，水平固定焊试件，背面不加衬垫，采用手工钨极氩弧焊打底，填充金属是实芯焊丝，焊缝金属厚度 3mm，然后采用 J427 焊条手工焊满坡口。其项目代号为：

$$GIAW-I-5G-3/60-02 \text{ 和 } SMAW-I-5G-5/60-F_3J$$

例三：板厚 10mm 的 16MnR 钢板，立焊位置试件无衬垫，采用半自动 CO_2 气体保护焊，填充金属为药芯焊丝，试件全焊透，其项目代号为：

$$GMAW-II-3G-10$$

例四：管材对接焊缝，无衬垫水平固定试件，壁厚 8mm、外径 70mm，钢号为 16Mn，采用自动熔化极气体保护焊，全焊透。项目代号为：

$$GMAW-II-5G-60/09$$

例五：壁厚 10mm、外径 86mm 的钢号 16Mn 钢管垂直固定焊试件，使用 A312 焊条手工堆焊。其项目代号为：

$$SMAW（N10）-II-2G-86-F4$$

例六：管板角接头，无衬垫水平固定焊试件，管材壁厚 3mm，外径 25mm，材质是 20 钢，板材厚度 8mm，材质是 16MnR 钢板，采用钨极氩弧焊打底，不加填充焊丝，焊缝金属厚度 2mm。然后用自动钨极氩弧焊，药芯焊丝多道焊填满坡口，焊机无稳压系统、无自动跟踪装置。项目代号为：

GTAW-Ⅰ/Ⅱ-5FG-2/25-01 和 GIAW-5FG（K）-05/07/09

例七：S209 钢管外径为 320mm，壁厚 12mm，水平固定位置，使用 E××10 焊条向下焊打底，无衬垫，焊缝金属厚度为 4mm，然后采用药芯焊丝自动焊接，焊机无自动跟踪装置，进行多层多道焊填满坡口。其项目代号为：

SMAW-Ⅱ-5GX4/320t FCAW-5G（K）-07/09

例八：板厚 16mm 的 0Cr19Ni9 钢板，采用埋弧自动焊平焊位置，背面无衬垫，焊机无自动跟踪装置，焊丝采用 H0Cr21Ni10Ti，焊剂为 HJ260，其项目代号为：

SAW-1G（K）-07/09

（3）焊工管理

焊工所在单位和企业一般应设立焊工考试委员会。其主要职责是：

① 制定焊工考试计划；

② 审查焊工考试资格；

③ 确定考试内容；

④ 检查考试试件（试板、管、焊材）、焊接设备及仪表等；

⑤ 组织焊工进行基本知识和操作技能考试；

⑥ 确定焊工考试所用焊接工艺规程；

⑦ 负责考试试件的检验和评定；

⑧ 办理焊工合格证书、延期及注销手续；

⑨ 发放焊工钢印；

⑩ 建立并管理焊工档案。

焊工的焊接档案内容包括：焊工焊绩记录表（表 8-18）、焊工质量检验结果、焊工质量事故等内容。

表 8-18　焊工焊绩记录表

单位：　　　　编号：　　　　　　　　　　　年　　月　　日

焊工姓名	产品名称及编号	焊缝编号	合格证项目代号	填表人及日期

焊接检查员：＿＿＿＿＿年　月　日　　　焊接责任工程师：＿＿＿＿＿年　月　日

　　焊工合格证（合格项目）有效期为 3 年，有效期内合格证在全国各地同等有效。当有效期满 3 个月前，继续担任焊接工作的焊工可向焊工考试委员会提出申请，由焊工考试委员会安排焊工考试或免试等事宜。持证焊工的操作技能，不能满足产品质量要求时，或违反工艺纪律以致发生重大焊接质量事故，或者经常出现质量问题，焊工考试委员会可暂扣合格证，或提出吊销焊工合格证。被吊销合格证者，满 1 年后才能提出重新考试。

［1］劳动部培训司．焊工生产实习．北京：劳动出版社，1990．

［2］《锅炉压力容器压力管道焊工考试与管理规则》．

［3］孙景荣编．焊工工艺入门．北京：化学工业出版社，2006．

［4］孙景荣．焊工上岗速成．北京：化学工业出版社，2007．

［5］孙景荣．电焊工工作手册．北京：化学工业出版社，2007．

［6］王艳霞．气焊工工作手册．北京：化学工业出版社，2008．

［7］刘云龙．焊工技能．北京：机械工业出版社，2010．